水资源管理与开发利用研究

张　良　陈沫宇　秦彦达　著

中国原子能出版社

图书在版编目 (CIP) 数据

水资源管理与开发利用研究 / 张良，陈沫宇，秦彦达著 . -- 北京 : 中国原子能出版社，2021.6 （2023.1重印）

ISBN 978-7-5221-1436-1

Ⅰ . ①水… Ⅱ . ①张… ②陈… ③秦… Ⅲ . ①水资源管理—研究②水资源开发—研究③水资源利用—研究 Ⅳ . ① TV213

中国版本图书馆 CIP 数据核字 (2021) 第 116659 号

水资源管理与开发利用研究

出版发行 中国原子能出版社 (北京市海淀区阜成路 43 号 100048)
责任编辑 杨晓宇
责任印刷 赵　明
印　　刷 河北宝昌佳彩印刷有限公司
经　　销 全国新华书店
开　　本 787 * 1092　1/16
印　　张 13
字　　数 218 千字
版　　次 2021 年 6 月第 1 版
印　　次 2023 年 1 月第 2 次印刷
标准书号 ISBN 978-7-5221-1436-1
定　　价 72.00 元

网址 :http//www.aep.com.cn　　E-mail:atomep123@126.com

发行电话 :010 68452845

内容简介

《水资源管理与开发利用研究》是一本系统研究水资源管理与开发利用的专著。本书在阐述水资源管理相关概念的基础上，对水资源管理中存在的常见问题进行分析，并对水资源涉及的相关理论问题进行了深入研究。同时，本书还分析了水资源规范化建设的必要性，明确了水资源公共行政管理的任务与思路，指出了水资源公共行政管理的主要依据，并针对我国水资源开发利用现状，提出了相应的开发利用策略，旨在为提高我国水资源管理水平提供理论上的指导。

目 录

第一章　概论

第一节　水资源概述

一、水资源含义

水资源（water resources）是自然资源的一种，人们对水资源都有一定的感性认识，但是，水资源一词到底起源于何时，现在很难进行考证。在国外，较早采用这一概念的是美国地质调查局（USGS）。1894 年，该局设立了水资源处（WRD），标志着水资源一词正式出现并被广泛接纳。美国地质调查局设立的水资源处一直延续到现在，其主要业务范围是对地表水和地下水进行观测。

在具有权威性的《不列颠百科全书》中对水资源的定义是：“自然界一切形态（液态、固态和气态）的水。”这个解释曾在很多地方被引用。在 1963 年英国国会通过的《水资源法》中将水资源定义为：“具有足够数量的可用水源。”1988 年，联合国教科文组织（UNESCO）和世界气象组织（WMO）在其共同制定的《水资源评价活动——国家评价手册》中，对水资源的定义是：“可以利用或有可能被利用的水源，具有足够数量和可用的质量，并能在某一地点为满足某种用途而被利用。”

在中国，对水资源的理解也各不相同。1988 年颁布的《中华人民共和国水法》将水资源认定为“地表水和地下水”。1994 年《环境科学词典》将水资源定义为：“特定时空下可利用的水，是可再利用资源，不论其质与量，水的可利用性是有限制条件的”。在具有权威性的《中国大百科全书》不同卷中出现了对水资源一词的不同解释。在“大气科学·海洋科学·水文科学”卷中对水资源的定义是：“地球表层可供人类利用的水，包括水量（水质）、水域和水能资源，一般指每年可更新的水量资源”。在“水利”卷中对水资源的定义是：“自然界各种形态（气态、液态或固态）的天然水”。在“地理”卷中将水资源定义为：“地球上目前和近期人类可以直接或间接利用的水，是自然资源的一个组成部分”。

可以说到目前为止，对水资源概念的界定也没有达成共识，最主要是因为水资源的含义十分丰富，导致了对其概念的界定也是多种多样。

为了对水资源的内涵有全面深刻的认识，并尽可能达到统一，1991 年《水科学进展》杂志社邀请国内部分知名专家学者进行了一次笔谈，他们的主要观点如下。

（1）降水是大陆上一切水分的来源，但它只是一种潜在的水资源，只有降水中可被利用的那一部分水量，才是真正的水资源。在降水中可以转变为水资源部分是“四水”，即：①水文部门所计算河川径流是与地下水补给量之和扣除重复计算量；②土壤水含量；③蒸发量；④区域间径流交换量。（张家诚）

（2）从自然资源概念出发，水资源可定义为人类生产与生活资料的天然水源，广义水资源应为一切可被人类利用的天然水，狭义的水资源是指被人们开发利用的那部分水。（刘昌明）

（3）水资源是指可供国民经济利用的淡水水源，它来源于大气降水，其数量为扣除降水期蒸发的总降水量。（曲耀光）

（4）水资源一般是指生活用水、工业用水和农业用水，此称为狭义水资源；广义水资源还包括航运用水、能源用水、渔业用水以及工矿水资源与热水资源等。概言之，一切具有利用价值，包括各种不同来源或不同形式的水，均属于水资源范畴。（陈梦熊）

（5）不能笼统地称“四水”为水资源，只有那些具有稳定径流量、可供利用的相应数量的水定义为水资源。（施德鸿）

（6）“水”和“水资源”在含义上是有区别的，水资源主要指与人类社会用水密切相关而又能不断更新的淡水，包括地表水、地下水和土壤水，其补给来源为大气降水。（贺伟程）

（7）水资源是维持人类社会存在并发展的重要自然资源之一，它应当具有如下特性：①可以按照社会的需要提供或有可能提供的水量；②这个水量有可靠的来源，其来源可通过水循环不断得到更新或补充；③这个水量可以由人工加以控制；④这个水量及其水质能够适应用水要求。（陈家琦）

上述各种水资源定义各自从不同角度出发，相对于特定的研究学科领域，都具有合理的因素，但从宏观角度考虑，上述每一种水资源定义都显得片面，缺乏系统性。

就目前的研究成果，水资源的概念可归纳为以下几点。

（1）广义的水资源是指自然界中任何形态（包括水的固态、液态和气态的形式）、存在于地球表面和地球的岩石圈、大气圈、生物圈中的水。包括海洋、地下水、冰川、湖泊、土壤是水、河川径流及大气水等在内的各种水体。

（2）狭义的水资源是指上述广义水资源范围内逐年可以得到恢复更新的那部分淡水量。即与生态系统保护和人类生存与发展密切相关的、可以利用而又逐年能够得到恢复和更新的淡水，其补给来源为大气降水。该定义反映了水资源具有下列性质：①水资源是生态系统存在的基本要素，是人类生存与发展不可替代的自然资源；②水资源是在现有技术、经济条件下通过工程措施可以利用的水，且水质应符合人类利用的要求；③水资源是大气降水补给的地表、地下产水量；④水资源是可以通过水循环得到恢复和更新的资源。

（3）工程概念的水资源是指狭义水资源范围内的可利用的或者可能被利用的、具有一定数量和质量保证的、在一定技术经济条件下，可以为人们取用的那部分淡水量。

将水资源归纳为以上 3 种概念具有如下优点。

①广义水资源顾及了水资源属性、形态及存在形式。由于自然界中的水在岩石圈、大气圈和生物圈之间互相转化，因此，该定义便于系统全面地研究水资源，并为建立水资源在自然界的循环机理创造了条件。

②狭义水资源将淡水作为主要对象，集中了研究范围。由于人类生活和生产使用最多的是淡水，因此该定义与水资源的使用密切相连，增强了水资源的使用属性。另外，狭义水资源强调了水资源的可恢复更新性，肯定了淡水参与自然界

水循环的基本水文特性。

③工程概念的水资源从水资源利用角度考虑，强调了水资源的使用价值。在水资源利用过程中，必须同时保证水量和水质，因此该定义将供水与用水密切联系起来。在水资源量和水质保证的前提下，水资源的利用程度要受利用工程的技术和资金制约，该定义强调了只有通过一定的技术和经济条件取得的淡水才是水资源，使水资源与工程相结合。同时，该定义也表明工程概念的水资源量是可变的，随着利用技术的进步和经济支持力度的增大，该水资源量也会增加，但不会超过狭义的水资源量。

二、水资源特性

水资源是一种特殊的自然资源，它不仅是人类及其他一切生物赖以生存的自然资源，也是人类经济、社会发展必需的生产资料，它是具有自然属性和社会属性的综合体。

（一）水资源的自然属性

1. 流动性

自然界中所有的水都是流动的，地表水、地下水、大气水之间可以互相转化，这种转化也是永无止境的，没有开始也没有结束。特别是地表水资源，在常温下是一种流体，可以在地心引力的作用下，从高处向低处流动，由此形成河川径流，最终流入海洋（或内陆湖泊）。也正是由于水资源这一不断循环、不断流动的特性，才使水资源可以再生和恢复，为水资源的可持续利用奠定物质基础。

2. 可再生性

由于自然界中的水处于不断流动、不断循环的过程之中，使得水资源得以不断地更新，这就是水资源的可再生性，也称可更新性。具体来讲，水资源的可再生性是指水资源在水量上损失后（如蒸发、流失、取用等）和（或）水体被污染后，通过大气降水和水体自净（或其他途径）可以得到恢复和更新的一种自我调节能力。这是水资源可供永续开发利用的本质特性。不同水体更新一次所需要的时间不同，如大气水平均每 8 天可更新一次，河水平均每 16 天更新一次，海洋更新周期较长，大约是 2500 年，而极地冰川的更新速度则更为缓慢，更替周期可长达万年。

3. 有限性

从全球情况来看，地球水圈内全部水体总存储量达到 13.86×10^8 km³，绝大多数储存在海洋、冰川、多年积雪、两极和多年冻土中，现有的技术条件很难利用。便于人类利用的水只有 $0.106\ 54 \times 10^8$ km³，仅占地球总储存水量的 0.77%。也就是说，地球上可被人类利用的水量是有限的。从我国情况来看，中国国土面积 960×10^4 km²，多年平均河川径流量为 $27\ 115 \times 10^8$ m³。在河川径流总量上仅次于巴西、俄罗斯、加拿大、美国、印度尼西亚。再加上不重复计算的地下水资源量，我国水资源总量大约为 $28\ 124 \times 10^8$ m³。总而言之，人类每年从自然界可获取的水资源量是有限的，这一特性对我们认识水资源极其重要。以前，人们认为“世界上的水是无限的”，从而导致人类无序开发利用水资源，并引起水资源短缺、水环境破坏的后果。事实说明，人类必须保护有限的水资源。

4. 时空分布的不均匀性

由于受气候和地理条件的影响，在地球表面不同地区水资源的数量差别很大，即使在同一地区也存在年内和年际变化较大、时空分布不均匀的现象。这一特性给水资源的开发利用带来了困难。如北非和中东很多国家（埃及、沙特阿拉伯等）降雨量少、蒸发量大，因此径流量很小，人均及单位面积土地的淡水占有量都极少。相反，冰岛、厄瓜多尔、印度尼西亚等国，以每公顷土地计的径流量比贫水国高出 1000 倍以上。在我国，水资源时空分布不均匀这一特性也特别明显。由于受地形及季风气候的影响，我国水资源分布南多北少，且降水大多集中在夏秋季节的三四个月里，水资源时空分布很不均匀。

5. 多态性

自然界的水资源呈现多个相态，包括液态水、气态水和固态水。不同形态的水可以相互转化，形成水循环的过程，也使得水出现了多种存在形式，在自然界中无处不在，最终在地表形成了一个大体连续的圈层——水圈。

6. 不可替代性

水本身具有很多非常优异的特性，如无色透明、热容量大、良好的介质等，无论是对人类及其他生物的生存，还是对于人类经济社会的发展来说，水都是其他任何物质所不能够替代的一种自然资源。

7. 环境资源属性

自然界中的水并不是化学上的纯水，而是含有很多溶解性物质和非溶解性物质的一个极其复杂的综合体，这一综合体实质上就是一个完整的生态系统，使得水不仅可以满足生物生存及人类经济社会发展的需要，同时也为很多生物提供了赖以生存的环境，是一种环境资源。

（二）水资源的社会属性

1. 社会共享性

水是自然界赋予人类的一种宝贵资源，它是属于整个社会、属于全人类的。社会的进步、经济的发展离不开水资源，同时人类的生存更离不开水。获得水的权利是人的一项基本权利。2002 年 10 月 1 日起施行的《中华人民共和国水法》第三条明确规定，“水资源属于国家所有，水资源的所有权由国务院代表国家行使”；第二十八条规定，“任何单位和个人引水、截（蓄）水、排水，不得损害公共利益和他人的合法权益”。

2. 利与害的两重性

水是极其珍贵的资源，给人类带来很多利益。但是，人类在开发利用水资源的过程中，由于各种原因也会深受其害。例如，水过多会带来水灾、洪灾，水过少会出现旱灾，人类对水的污染又会破坏生态环境、危害人体健康、影响人类社会发展等。人们常说，水是一把双刃剑，比金珍贵，又凶猛于虎。这就是水的利与害的两重性。人类在开发利用水资源的过程中，一定要“用其利，避其害”。

3. 多用途性

水是一切生物不可缺少的资源，同时也是人类社会、经济发展不可缺少的一种资源，它可以满足人类的各种需要。例如，工业生产、农业生产、水力发电、航运、水产养殖、旅游、娱乐等都需要用水。人们对水的多用途性的认识随着其对水资源依赖性的增强而日益加深，特别是在缺水地区，为争水而引发的矛盾或冲突时有发生。这是人类开发利用水资源的动力，也是水被看作一种极其珍贵资源的缘由，同时也是人水矛盾产生的外在因素。因此，对水资源应进行综合开发、综合利用、水尽其用，满足人类对水资源的各种需求，同时尽可能减轻对水资源的破坏和影响。

4. 商品性

长久以来，人们一直认为水是自然界提供给人类的一种取之不尽、用之不竭的自然资源。但是随着人口的急剧膨胀、经济社会的不断发展，人们对水资源的需求日益增加，水对人类生存、经济发展的制约作用逐渐显露出来。人们需要为各种形式的用水支付一定的费用，水成了商品。水资源在一定情况下表现出了消费的竞争性和排他性（如生产用水），具有私人商品的特性。但是当水资源作为水源地、生态用水时，仍具有公共商品的特点，所以它是一种混合商品。

三、水资源分类

水资源的分类方法较多。按存在形式分为地表水和地下水；按形成条件分为当地水资源和入境水资源；按利用方式分为河内用水（发电、航运、旅游、养殖用水）、河外用水（生产生活用水）和生态环境用水；按量算方法分为实测河川径流量、天然径流量、可利用水资源量和可供水量等。

在水资源紧缺和水污染日趋严重的形势下，一些过去认为不能直接使用的水资源（如微污染水、高含盐水、含 H_2S 水、高硫酸盐水、污水等）也被考虑通过处理后使用，因此就有了非常规水资源、再生水资源等。

四、水资源可持续发展

（一）可持续发展战略的由来

1.《人类环境宣言》

1982 年，联合国人类环境会议在斯德哥尔摩召开，来自世界 113 个国家和地区的代表汇聚一堂，共同讨论环境对人类的影响问题。这是人类第一次将环境问题纳入世界各国政府和国际政治的事务议程。大会通过的《人类环境宣言》宣布了 37 个共同观点和 26 项共同原则。它向全球呼吁——现在已经到达历史上这样一个时刻，我们在决定世界各地的行动时，必须更加审慎地考虑它们对环境产生的后果。由于无知或不关心，我们可能给生活和幸福所依靠的地球环境造成巨大的无法挽回的损失。因此，保护和改善人类环境是关系到全世界各国人民的幸福和经济发展的重要问题，是全世界各国人民的迫切希望和各国政府的责任，也是人类的紧迫目标。各国政府和人民必须为着全体人民和自身后代的利益而做出共同的努力。

作为探讨保护全球环境战略的第一次国际会议，联合国人类环境大会的意义在于唤起了各国政府共同对环境问题，特别是对环境污染的觉醒和关注。尽管大会对整个环境问题认识比较粗浅，对解决环境问题的途径尚未确定，尤其是没能找出问题的根源和责任，但是，它正式吹响了人类共同向环境问题挑战的进军号。各国政府和公众的环境意识，无论是在广度上还是在深度上，都向前迈进了一步。

2.《里约环境与发展宣言》

从 1982 年联合国人类环境会议召开到 2002 年的 20 年间，尤其是 20 世纪 80 年代以来，国际社会关注的热点已由单纯注重环境问题逐步转移到环境与发展二者的关系上来，而这一主题必须由国际社会广泛参与。在这一背景下，联合国环境与发展大会（UNCED）于 2002 年 6 月在巴西里约热内卢召开。共有 183 个国家的代表团和 70 个国际组织的代表出席了会议，102 位国家元首或政府首脑到会讲话。会议通过了《里约环境与发展宣言》（又名《地球宪章》）和《21 世纪议程》两个纲领性文件。《里约环境与发展宣言》是开展全球环境与发展领域合作的框架性文件，是为了保护地球永恒的活力和整体性，建立一种新的、公平的全球伙伴关系的“关于国家和公众行为基本准则”的宣言。它提出了实现可持续发展的 27 条基本原则。《21 世纪议程》则是全球范围内可持续发展的行动计划，它旨在建立 21 世纪世界各国在人类活动对环境产生影响的各个方面的行动规则，为保障人类共同的未来提供个全球性措施的战略框架。此外，各国政府代表还签署了联合国《气候变化框架公约》等国际文件及有关国际公约。可持续发展得到世界最广泛和最高级别的政治承诺。

以这次大会为标志，人类对环境与发展的认识提高到了一个崭新的阶段。大会为人类高举可持续发展旗帜、走可持续发展之路发出了总动员令，使人类迈出了跨向新的文明时代的关键性一步，为人类的环境与发展矗立了一座重要的里程碑。

3. 全球《21 世纪议程》

自 2002 年 6 月在巴西里约热内卢召开的联合国环境与发展大会以后，可持续发展的实践活动也开始在全球范围内普遍展开。全球《21世纪议程》正是贯彻实施可持续发展战略的人类活动计划。

全球《21世纪议程》指出，人类正处于一个历史的关键时刻，世界面对国家之间和各国内部长期存在的经济悬殊现象，贫困、饥荒、疾病和文盲有增无减，赖以维持生命的地球生态系统继续恶化。如果人类不想进入这个不可持续的绝境，就必须改变现行的政策，综合处理环境与发展问题，提高所有人、特别是穷人的生活水平，在全球范围更好地保护和管理生态系统。要争取一个更为安全、更为繁荣、更为平等的未来，任何一个国家不可能只依靠自己的力量取得成功，必须联合起来，建立促进可持续发展的全球伙伴关系，只有这样才能实现可持续发展的长远目标。

《21世纪议程》涉及人类可持续发展的所有领域，提供了21世纪如何使经济、社会与环境协调发展的行动纲领和行动蓝图。整个文件分四个部分。

第一部分，经济与社会的可持续发展。包括加速发展中国家可持续发展的国际合作和有关的国内政策，将环境与发展问题纳入决策进程。

第二部分，资源保护与管理。包括：保护大气层；统筹规划和管理陆地资源的方式；禁止砍伐森林；脆弱生态系统的管理和山区发展；促进可持续农业和农村的发展；生物多样性保护；对生物技术的环境无害化管理；保护海洋，包括封闭和半封闭沿海区，保护、合理利用和开发其生物资源；保护淡水资源的质量和供应——对水资源的开发、管理和利用；有毒化学品的环境无害化管理，包括防止在国际上非法贩运有毒废料、危险废料的环境无害化管理；对放射性废料实行安全和环境无害化管理。

第三部分，加强主要群体的作用。包括：采取全球性行动促进妇女的发展；青年和儿童参与可持续发展；确认和加强土著人民及其社区的作用；加强非政府组织作为可持续发展合作者的作用加强工人及工会的作用，加强工商界的作用，加强科学和技术界的作用，加强农民的作用。

第四部分，实施手段。包括财政资源及其机制；环境无害化（和安全化）技术的转让；促进发展中国家的能力建设；完善国际法律文书及其机制等。

（二）可持续发展的含义

联合国本着必须研究自然的、社会的、生态的、经济的以及利用自然资源过程中的基本关系，确保全球发展的宗旨，于 1993 年 3 月成立了以挪威首相布伦特兰夫人任主席的世界环境与发展委员会（WCED）。联合国要求其负责制定长期的环境对策，研究能使国际社会更有效地解决环境问题的途径和方法。经过 3 年的深入研究和充分论证，该委员会于 1997 年向联合国大会提交了研究报告《我们共同的未来》。在此报告中，布伦特兰是这样定义可持续发展的："既满足当代人的需求，又不对后代人满足其自身需求的能力构成危害的发展。"这一概念在 1989 年联合国环境规划署（UNEP）第 15 届理事会通过的《关于可持续发展的声明》中得到接受和认同。即可持续发展系指满足当前需要，而不削弱子孙后代满足其需要之能力的发展，而且绝不包含侵犯国家主权的含义。联合国环境规划署理事会认为，可持续发展涉及国内合作和跨越国界的合作。可持续发展意味着国家内和国际间的公平意味着要有一种支援性的国际经济环境，从而导致各国，特别是发展中国家的持续经济增长与发展，这对于环境的良好管理也具有很重要的意义。可持续发展还意味着维护、合理使用并且加强自然资源基础，这种基础支撑着生态环境的良性循环及经济增长。此外，可持续发展表明在发展计划和政策中纳入对环境的关注与考虑，而不代表在援助或发展资助方面的一种新形式发展需求。以上论述，包括了两个重要概念：一是人类要发展，要满足人类的发展需求；二是不能损害自然界支持当代人和后代人的生存能力。

可持续发展是 20 世纪 80 年代以来人类对生存与发展的一种最新认识，是认识上的质的飞跃。因为一个国家的经济增长虽然是一个国家发展的重要因素，但这并不是它的目的，发展的真正目的是改善人民的生活质量。各个国家为发展制定的目标可能不尽相同，但改善人类的生活条件、提高人类的生活质量的目标是一致的。因此，可持续发展战略的提出是建立在人口、资源、环境和社会、经济相互协调、良性循环的基础上，寻求一种新的经济增长方式。利用现代的高科技来发展经济，通过高科技和人才开发、人力资源来推动经济增长，力求资源的高效和永续利用，实现经济增长、社会发展和人口增长相互协调；其宗旨是保护其资源能满足世世代代延续不断发展的需要，使人口的数量和生活方式，保持在地球的承载能力之内。从其内涵来看，可持续发展必须处理好近期目标和长远目标、近期利益和长远利益的关系。评价经济发展的标准不仅仅是数量，而且还应包括其质量，这就要求国家在制定发展战略和政策时，其经济增长方式必须由粗放型向集约型转变，所以，可持续发展和经济增长方式的转变是不可分割的一个整体。目前，我国的经济增长方式已经进入了一个由粗放型经营转变为集约化经营的时期。粗放与集约是两种不同的经营方式，从粗放型向集约型转变就是要求整个经济运行过程的各个环节和各个方面都要注重经济增长的质量和效益。

可持续发展的物质基础是资源的持续培育与利用。缺乏或失去资源，人类将难以生存，更不可能持续发展。因此，可持续发展的关键，就是要合理开发和利用自然资源，使再生性资源能保持其再生能力，非再生性资源不致过度消耗并能得到替代资源的补充，环境自净能力能得以维持。随着工业化、城市化的快速进程以及人口的不断增长，人类对自然资源的巨大消耗和大规模的开采，已导致资源基础的削弱、退化、枯竭，如何以最低的环境成本确保自然资源的可持续利用是可持续发展面临的一个重要问题。

可持续发展是一个涉及经济、社会、文化、技术及自然环境的综合概念。它是一种立足于环境和自然资源角度提出的关于人类长期发展的战略和模式。这并不是一般意义上所指的在时间和空间上的延续，而是特别强调环境承载能力和资源的永续利用对发展进程的重要性和必要性，它的基本思想主要包括以下几个方面。

1. 可持续发展鼓励经济增长

它强调经济增长的必要性，必须通过经济增长提高当代人福利水平，增强国家实力和社会财富。但可持续发展不仅要重视经济增长的数量，更要追求经济增长的质量。数量的增长是有限的，而依靠科学技术进步，提高经济活动中的效益和质量，采取科学的经济增长方式才是可持续的。因此，可持续发展要求重新审视如何实现经济增长。要达到具有可持续意义的经济增长，必须审计使用能源和原料的方式，改变传统的以“高投入、高消耗、高污染”为特征的生产模式和消费模式，减少经济活动造成的环境压力。环境退化的原因产生于经济活动，其解决的办法也必须依靠经济过程。

2. 可持续发展的标志

可持续发展的标志是资源的永续利用和良好的生态环境经济和社会发展不能超越资源和环境的承载能力。可持续发展以自然资源为基础，同生态环境相协调。它要求在严格控制人口增长、提高人口素质和保护环境、资源永续利用的条件下进行经济建设，保证以可持续的方式使用自然资源和环境成本，使人类的发展控制在地球的承载力之内。可持续发展强调发展是有限制条件的，没有限制就没有可持续发展。要实现可持续发展，必须使自然资源的耗竭速率低于资源的再生速率，必须通过转变发展模式，从根本上解决环境问题。如果经济决策中能够将环境影响全面系统地考虑进去，这一目的是能够达到的。但如果处理不当，环境退化和资源破坏的成本就非常巨大，甚至会抵消经济增长的成果而适得其反。

3. 可持续发展的目标

可持续发展的目标是谋求社会的全面进步。可持续发展不仅仅是经济问题，单纯追求产值的经济增长不能体现发展的内涵。可持续发展的观念认为，世界各国的发展阶段和发展目标可以不同，但发展的本质应当包括改善人类生活质量，提高人类健康水平，创造一个保障人们平等、自由、受教育和免受暴力的社会环境。这就是说，在人类可持续发展系统中，经济发展是基础，自然生态保护是条件，社会进步才是目的。而这三者又是一个相互影响的综合体，只要社会在每一个时间段内都能保持与经济、资源和环境的协调，这个社会就符合可持续发展的要求。显然，在新的世纪，人类共同追求的目标，是以人为本的自然－经济－社会复合系统的持续、稳定、健康的发展。

（三）水资源保护与可持续发展

要促使我国发展的可持续性，必须克服以牺牲环境求得经济增长的现象。传统的发展观念仅重视资源开发、维持简单的扩大再生产，忽略了资源、环境、生态、自然的调节功能。只有正确处理资源开发利用、治理与保护、节约与配置的关系，才能解决水资源可持续发展的问题。

同时，水资源开发利用不当和水污染的日益严重更加剧了水资源紧张的形势。水污染的严重和水资源的短缺已成为制约我国水资源可持续利用的两大障碍。因此，水资源保护和水污染防治已成为人类社会持续发展的一项重要课题。可持续发展的理念应贯穿水资源保护的全过程。

可持续发展是从自然资源角度提出的关于人类长期发展的战略和模式，并重点着眼于自然资源的长期承载能力，不仅要满足当代人类生存与发展需要，而且要满足未来人类生存与发展的需要。可持续发展的基础问题是自然资源的可持续开发利用，而水资源在自然资源中对人类的生存和发展有着特殊的和不可替代的地位。当今水资源短缺已经影响到人民生活的安定，影响到经济社会可持续发展，要求国家、社会和个人必须采取资源节约型的生活方式，这是我们唯一的抉择。要实现这一目标就必须依靠法律、社会经济和技术措施的有效结合；必须有一个全方位的社会行动，有赖于全体公民做出响应，有赖于社会各方面的支持和参与。特别是需要国家政府这一级的行动，通过宣传教育动员全体公民兴起一场以保护“水资源”、节约用水为主题的“碧水绿洲”行动，大家都来关心水、保护水、爱惜水，并依靠国家政策性的调整、水资源的优化配置和措施的优化组合以及水的有效管理，把我国建成一个节水型社会。水资源的可持续利用有赖于社会公众的参与。

水是基础性的自然资源和战略性的经济资源。水资源的可持续利用是经济和社会可持续发展的重要保证。由于近年来连续干旱，加上各种人为因素的影响，我国水资源短缺和污染问题突出，已成为我国国民经济和社会发展的严重制约因素。一些地方水土流失，土地沙化、荒漠化，沙尘暴等现象仍在加剧，水环境恶化已危害到民众的身心健康，严重影响经济、社会的可持续发展。20年以来，北方地区持续干旱，华北、西北等地区缺水程度更加严重，有些城市出现了水危机。由于长期缺水，加之不合理的人类活动，部分地区水土资源过度开发利用，导致下游河道断流、湖泊萎缩、地面沉降、海水入浸、胡杨林枯死、草场退化、沙漠化加剧、沙尘暴频繁发生等严重的生态环境问题。我国水污染状况日益严重，全国工业废水和城镇生活污水年排放总量已从2007年的20多亿t增加到2015年的860亿t。生态环境的恶化和水体的污染进一步加剧了部分地区的水资源紧缺状况，严重影响着经济社会的可持续发展。

除水害、兴水利，历来是治国安邦的大事。水资源可持续利用战略的核心是提高用水效率，通过全面节约、有效保护和综合治理等途径，解决水资源不足、水污染问题。增强节水意识和环境保护意识，建设节水防污型的社会，这是改善我国的水环境，实现水资源的可持续利用，支持经济和社会可持续发展的必然。

根据《中华人民共和国水法》，建立水权制度是实现水资源保护的基础，是对各种与水相关的经济社会活动行为的法律约束，是水资源管理的重要依据。科学合理地界定和明晰水权是提高用水效率和节水的关键。以水资源的可持续利用支撑和保障经济、社会的可持续发展。只有保护水资源和水资源的良性循环，才有水资源的可持续利用和经济、社会的可持续发展。

水资源持续利用目标明确，要满足世世代代人类用水需求，这就体现了现代人与后代人之间的平等，人类共享环境、资源和经济、社会效益的公平原则。

水资源持续利用或生态水利的实施，应遵循生态经济学原理和整体协调、优化与循环思路，应用系统方法和高新技术，实现生态水利的公平和高效发展。

节约用水是生态水利的长久之策，也是解决我国缺水贫水的当务之急。合理用水、节约用水和污水资源化，是开辟新水源和缓解供需矛盾的捷径，非但不会影响生活、生产用水水平，还会减少污染，改善环境，促进生产工艺进步，提高产品产值，提高人民生活质量。这项节水增值措施是生态水利的必走之路和最佳的选择。

水资源持续利用的实现，就是其所在流域（地区）内整个水资源－生态环境－社会经济复合系统功能的体现。可持续发展强调系统组成的协调合理和系统运转的动态连续，它们集中反映于系统的有序性和稳定性之中。只有水资源复合系统中环境、经济和社会结构合理，才能使整体功能最优化；只有系统有序稳定地演化，才能使系统永续持久地发展。因此，需要建立水资源持续利用的发展模式、优化结构和控制演变，使其不断地朝着有序的良性循环发展。

目前，我国的水资源管理，随着国家经济体制和经济增长方式的转变，正在进行管理体制的改革，但还跟不上经济社会发展形势的步伐；一些地区和各行业的生产部门为追求产值我行我素，不惜浪费水和污染水体，因此必须加强管理。水资源的管理内容繁多，重点要加强水资源产权管理和全国水资源总体开发利用、保护、防治规划和合理配置水资源等管理，研究制定有关水资源政策、法律、协调机制和水资源产业行业管理等。管理的手段除行政、法律、宣教外，经济和科技手段的结合将会越来越重要。

水资源的开发利用必须严格执行取水许可、交纳水资源费制度、污水排放许可和限制排水总量的制度。地下水的开发要严格限制超采，规定各地地下水位警戒线和停止抽取界线。要认真贯彻《中华人民共和国水法》《中华人民共和国水污染防治法》等各项规定，依法管水、用水和治水。管水、节水和防治水污染，应请民众参与，既可提高全民对水资源紧缺的危机感和节水的紧迫感，又可加强人们对水的重要性的认识和保护水资源、防治水污染的责任感。

第二节 水资源管理

一、水资源管理的概念

水资源是有限的战略性资源，水资源的开发利用是一项系统工程，防治水资源危机首先要加强水资源的规划管理，合理开发利用有限而宝贵的水资源。水资源管理在保护水资源、防治水污染、促进社会经济可持续发展等方面发挥着重要作用。水资源管理是一个内容广泛的系统工程，它主要是指水行政主管部门运用法律、行政、经济、技术等手段对水资源的分配、开发、利用、调度和保护进行管理,以求可持续地满足社会经济发展和改善环境对水的需求的各种活动的总称。

二、水资源管理的基本内容

在水资源开发利用初期，供需关系单一，管理内容较为简单。随着水资源工程的大量兴建和用水量的不断增长，水资源管理需要考虑的问题越来越多，已逐步形成为专门的技术和学科。主要管理内容如下。

1. 水资源的所有权、开发权和使用权

所有权取决于社会制度，开发权和使用权服从于所有权。在生产资料私有制社会中，土地所有者可以要求获得水权，水资源成为私人专有。在生产资料公有的社会主义国家中，水资源的所有权和开发权属于全民或集体，使用权则是由管理机授权给用户使用。

2. 水资源的政策

为了管好用好水资源，对于如何确定水资源的开发规模、程序和时机，如何进行流域的全面规划和综合开发，如何实行水源保护和水体污染防治，如何计划用水、节约用水和征收水费等问题，都要根据国民经济的需要与可能，制定出相应的方针政策。

3. 水量的分配和调度

在一个流域或一个供水系统内，有许多水利工程和用水单位，往往会发生供需矛盾和水利纠纷，因此要按照上下游兼顾和综合利用的原则，制订水量分配计划和调度方案，作为正常管理运用的依据。遇到水源不足的干旱年，还要采取应急的调度方案，限制一部分用水，保证重要用户的供水。

4. 防洪问题

洪水灾害给生命财产造成巨大的损失，甚至会扰乱整个国民经济的部署。因此研究防洪决策，对于可能发生的大洪水事先做好防御准备，也是水资源管理的重要组成部分。在防洪管理方面，除了维护水库和堤防的安全以外，还要防止行洪、分洪、滞洪、蓄洪的河滩、洼地、湖泊被侵占破坏，并实施相应的经济损失赔偿政策，试办防洪保险事业。

5. 水情预报

由于河流的多目标开发，水资源工程越来越多，相应的管理单位也不断增加，日益显示出水情预报对搞好管理的重要性。为此必须加强水文观测，做好水情预报，才能保证工程安全运行和提高经济效益。

6. 三条红线

在系统总结我国水资源管理实践经验的基础上，2011 年中央 1 号文件和中央水利工作会议明确要求实行最严格水资源管理制度，确立了“三条红线”的主要目标。

（1）确立水资源开发利用控制红线。到 2030 年全国用水总量控制在 7000 亿 m^3 以内。

（2）确立用水效率控制红线。到 2030 年用水效率达到或接近世界先进水平，万元工业增加值用水量降低到 40 m^3 以下，农田灌溉水有效利用系数提高到 0.6

以上。

（3）确立水功能区限制纳污红线。到 2030 年主要污染物入河湖总量控制在水功能区纳污能力范围之内，水功能区水质达标率提高到 95%以上。

三、水资源管理的原则

2012 年 1 月 12 日，国务院发布的《关于实行最严格水资源管理制度的意见》中对水资源管理的基本原则概括如下。

（1）坚持以人为本，着力解决人民群众最关心、最直接、最现实的水资源问题，保障饮水安全、供水安全和生态安全。

（2）坚持人水和谐，尊重自然规律和经济社会发展规律，处理好水资源开发与保护关系，以水定需、量水而行、因水制宜。

（3）坚持统筹兼顾，协调好生活、生产和生态用水，协调好上下游、左右岸、干支流、地表水和地下水关系。

（4）坚持改革创新，完善水资源管理体制和机制，改进管理方式和方法。

（5）坚持因地制宜，实行分类指导，注重制度实施的可行性和有效性。

（6）坚持效率优先。对水资源开发利用的各个环节（规划、设计、运用），都要考虑水资源的利用效率，以提高水资源利用效率作为水资源管理的准则之一。《关于实行最严格水资源管理制度的意见》中指出确立用水效率控制红线，到 2030 年用水效率达到或接近世界先进水平，万元工业增加值用水量（以 2000 年不变价计，下同）降低到 40 m^3 以下，农田灌溉水有效利用系数提高到 0.6 以上。

（7）坚持地表水和地下水统一规划，联合调度。地表水和地下水是水资源的两个组成部分，存在互相补给、互相转化的关系，开发利用任一部分都会引起水资源量的时空再分配。有关部门应加强地下水动态监测，实行地下水取用水总量控制和水位控制，充分利用水的流动性质和储存条件，联合调度地表水和地下水，可以提高水资源的利用率。

（8）坚持开发与保护并重。在开发水资源的同时，要重视森林保护、草原保护、水土保持、河道湖泊整治、污染防治等工作，以取得涵养水源、保护水质的效果。在工业生产方面，严格执行有毒有害物质及重金属必须厂内处理、达标排放的有关规定；在生活污水方面要尽可能进行污水处理，达标后排放。同时，开发要有度，不宜过度开发。《关于实行最严格水资源管理制度的意见》中指出，确立水资源开发利用控制红线，到2030年全国用水总量控制在7000亿m^3以内。

（9）坚持水量和水质统一管理，集中控制与重点源治理相结合。水资源的管理需要实行区域水环境综合整治，从整体出发，远近结合，统筹规划，分期实施。由于水源的污染日趋严重，可用水量逐渐减少，因此在制定供水规划和用水计划时，水量和水质应统一考虑，规定污水排放标准和制定切实的水源保护措施。治理与管理，是环境保护的两大支柱，通过加强管理，制定合理可行的区域水质规划目标；杜绝跑、冒、滴、漏和偷排乱排等现象，实现文明生产，清洁生产。

（10）坚持水资源供应能力与其消耗相互协调，节省水资源。这要求在制定地区或城市的发展规划时，必须认真考虑本地区水资源的供应能力，建立节约用水的经济发展模式，以便水资源可持续利用。通过对现有工艺的改革，既减少耗水量，也减少排污量，注重污水综合利用及再生后回用于工农业的研究与应用；大力推行清洁生产及废水资源化。

（11）坚持按水域功能区实行总量控制。实行高功能水域高标准保护，低标准水域低标准保护；总量控制指标的分配要坚持公平原则，即各排污单位（企业、事业）要合理负担污染负荷的削减任务。

第三节　水资源开发利用

水资源的短缺已成为我国经济社会可持续发展的严重制约因素，影响到生存与发展的各个领域。特别是缺水的华北和西北地区，尽管各地加大了节水力度，还是不得不依靠过度开发利用地表水、大量超采地下水、挤占农业和生态用水来维持经济的增长，使得水资源短缺与污染并存、供水不足与浪费并存、水源不足与供水结构不合理并存的现象长期存在，导致了生态环境的严重破坏，其中海河流域更是面临着“有河皆干、有水皆污”的严峻局面。黄河、海河流域的水资源开发利用率分别高达67%和90%以上，远远超过了国际社会公认的40%的合理限度，使得该地区成为我国水资源与社会经济最不适应、供需矛盾最突出的地区。

因此，合理开发利用水资源，缓解水资源供需矛盾，以水资源的可持续利用促进经济社会的可持续发展，是我国当前水资源保护工作的主要任务。

一、科学划分水功能区，有效保护水资源

当前，我国面临的水资源短缺、水污染和水环境恶化等严重水问题，已成为制约国民经济可持续发展和直接影响到人民健康的重要因素。由于没有明确各江河湖库水域的功能，造成供水与排水布局不尽合理；开发利用与保护的关系不协调；水域保护目标不明确；水资源开发利用、保护管理的依据不充分；地区间、行业间用水矛盾难以解决等问题。因此，为促进经济社会可持续发展，加强水资源保护，根据流域的水资源开发利用现状，结合社会需求，确定各水域的主导功能及功能顺序，科学合理地划分水功能区，已是当务之急。为此，水利部从2010年2月开始启动《中国水功能区划》工作，以七大流域（七大流域包括长江流域、黄河流域、松辽流域、海河流域、淮河流域、珠江流域和太湖流域）为单元，编制水功能区划，并于2012年4月18日正式试行。它标志着中国的水资源保护和合理开发利用工作进入新的发展阶段。

水功能区划就是从合理开发和有效保护水资源的角度出发，依据国民经济发展规划和有关水资源综合利用的规划，结合区域水资源开发利用现状和社会需求，以流域为单元，科学合理地在相应水域划定具有特定功能、满足水资源合理开发利用和保护要求，并能够发挥最佳效益的区域（即水功能区），确定各水域使用功能，明确水功能区的水质保护目标。在水功能区划的基础上，提出近期和远期不同水功能区的污染物控制总量及排污削减量为水资源保护提供依据。

我国水功能区划分采用两级体系，即一级区划和二级区划。水功能级区分保护区、缓冲区、开发利用区、保留区四类；水功能二级区划在一级区划的开发利用区内，进一步划分为饮用水源区、工业用水区、农业用水区、渔业用水区、景观娱乐用水区、过渡区、排污控制区七类。一级区划宏观上解决水资源开发利用与保护的问题，主要协调地区间关系，并考虑可持续发展的需求；二级区划主要协调用水部门之间的关系。

《中国水功能区划》报告对全国2069条河流、248个湖泊水库进行了区划，共划分水功能一级区3397个，区划总计河长21.4万km。在全国1333个开发利用区中，共划分水功能二级区2813个，河流总长约7.4万km。区划中确定了各

水域的主导功能及功能顺序，制定了水域功能不遭破坏的水资源保护目标；将水资源保护和管理的目标分解到各功能区单元，从而使管理和保护更有针对性；通过各功能区水资源保护目标的实现，保障水资源的可持续利用。

《中国水功能区划》体现了水资源优化配置和有效保护的需要，是全面贯彻《中华人民共和国水法》，实践新时期治水思路，实现水资源合理开发、有效保护、综合治理和科学管理的极为重要的基础性工作。水功能区划的提出对我国经济社会可持续发展和环境建设具有重大意义。

二、合理开采地下水，限制地下水超采

长期以来，因地表水供给不足，一些地方只能采用地下水。自 20 世纪 80 年代以来，由于我国经济的高速增长，加之人口的增长和连年干旱，造成全国地下水普遍超采，局部地区地下水大量超采，形成地面沉降。调查资料显示，多年平均超采水量 74 亿 m^3，超采区共有 164 片，超采区面积达 18.2 万 km^2，其中严重超采区面积占 42.6%。辽宁、山东、河北等省的一些沿海城市与地区，地下水含水层受海水入侵面积在 1500 km^2以上；北京、天津、上海、西安等 20 多个城市出现地面沉陷、地面塌陷、地裂缝；西北内陆一些地区因地下水位不断下降，荒漠化及沙化面积逐年扩大，已影响这些地区的城乡供水、城市建设和居民生存。

地下水是人们的主要饮用水源，必须加强地下水资源的开发和保护。首先应进行区域水资源开发利用规划，依据地下水可开采量、容许开采量进行国民经济各用水部门用水量优化配置。在地下水超采地区，推广雨水、洪水利用或再生水利用，人工回灌地下水，以增加地下水库储水量，使地下水位逐渐回升。

三、雨水利用

随着城市化的发展，城市建筑区面积不断扩大，道路的铺装使地表不透水面积不断增加，下垫面的变化改变了自然状态下的水文循环，改变了自然状态下的产流和汇流条件。径流系数提高，汇流速度加快，峰现时间提前，城区洪水出现峰高量大、陡涨陡落的流量过程。为了保证城市的可持续发展，在城市规划建设中应考虑增加雨水蓄渗的措施，以减少径流量，一方面降低城市化引起洪水危害，另一方面对增加地下水的补给量有着积极的作用。

城市雨水是城市区域内自产的水源，城市雨水资源的利用相对于大规模修建水库引水、调水工程投资要少，而且无地区和部门利益之争。从可持续发展的角度出发，城市雨水资源的利用，对于改善城市生态环境，补充涵养土壤水、地下水、增加城市备用水源，实现水资源补给与调节，以丰补歉，减缓水资源危机，都具有事半功倍的长远意义。

雨水利用尤其是城市雨水的利用，主要是随着城市化带来的水资源紧缺和环境与生态问题而引起人们的重视。在水资源奇缺的以色列，雨水资源利用率达85%以上。德国早在1999年就出台了雨水利用设施标准，对住宅、商业和工业领域雨水利用设施的设计、施工和运行管理等方面制定了标准。现在德国雨水利用技术已很成熟，从屋面雨水的收集、截污、储存、过滤、渗透、提升、回用到控制，都有一系列的定型产品和组装式成套设备。

而我国由于过去治水认识上的局限和偏差，缺乏统筹规划，许多地方水资源极度紧缺，却未能有效利用好宝贵的雨水资源，造成了水资源的浪费。大多数城市注重投资建设管网、排水设施，在雨季尽快将雨水排河入海了事；但是，由于汛期河水位的迅速上涨，往往使下水道排水受顶托，造成排水不畅、城区大面积积涝成灾。在一些缺水的农村，由于缺乏雨水利用的意识，更是让雨水白白流掉。因此，切实搞好雨水资源的利用是水资源紧缺形势的要求，是城市发展的要求，也是社会进步的要求。

通过修建雨水集蓄设施，汇集贮存雨水，经过适当处理，多用于回灌地下水；还可以用作冲洗、绿化、农业灌溉、工业用水等。美国加利福尼亚州南部处于干旱、半干旱地区，该州近年来推行的“水银行”工程，就是利用地下含水层，在雨季和丰水年将地面水通过渗透层灌至地下，就像是把富余的钱存入银行一般；到旱季或缺水年，储存在地下的水被抽出，解决缺水矛盾，这就像是从银行提出所需的款项一样。河海大学的江宁校区建立了雨水收集系统，将雨水存入校园广场、空地下的地下蓄水池内，供整个校园绿化、喷洒等用水。在瑞典南部城市马尔摩、隆德等城市，城市建筑物都建设了屋面雨水汇集贮存装置，屋面雨水经雨水斗和雨水立管，注入快速入渗坑内，补充地下水，或者注入贮水池，经过适当处理后，由水泵送至专为冲洗、洗涤和庭院浇灌用水而设置的管网，直接利用。

这样做在一定程度上缓解了水资源紧缺的矛盾。

雨水利用在近 20 年来有了很大的发展，并逐步形成水工业的一个分支领域和市场；但在许多方面还不成熟，需要更多的关注和深入研究，在应用中不断总结完善。

四、污水、再生水的利用

我国北方一些城市不仅水资源十分短缺，而且水污染十分严重，按传统的方式开发当地的水资源已无潜力，从周边地区调水来解决水资源紧缺的问题的可能性也微乎其微；如果从东南部水资源丰富的地区引水，引水距离将达到上千公里，不仅工程十分浩大，还有生态环境因管理不善导致破坏的隐患。所以，利用再生水资源就成为开源的重要途径。实行污水资源化，综合利用城市污水，是缓解城市水资源短缺与治理水污染相结合的一项综合性战略措施。工业及生活废水是一种数量可观的水资源，如利用得当，将是对水资源的重要补充。

（一）我国的污水利用状况和前景

我国城镇供水的 80%转化为污水，经收集处理后，其中 70%可以再次循环使用。这意味着通过污水回用，可以在现有供水量不变的情况下，使城镇的可用水量增加 50%以上。统计表明，2016 年城市污水排放量已达 465 亿 m^3，但污水处理率不到 30%，而发达国家已达 70%以上。

目前，北京、大连等城市在污水处理和回用方面已取得成功经验。北京市每年产生 13 亿 m^3 的污水，这些污水处理后，可以用于工业冷却用水、洗涤与冲厕、绿化、灌溉、建筑等。北京市规划建设 30 多座污水处理厂，到 2015 年，全市 90%的污水可以得到处理。高碑店污水处理厂是北京市最大的污水处理厂，中水回用工程总设计规模为 47 万 t/d，二期已形成了 100 万 t/d 的规模，补充替代河水，供第一热电厂冷却用水，部分经深度处理后的中水供南郊工业区及南城地区市政使用。北京市已采取措施，鼓励企事业单位新建社区使用中水，目前大部分家宾馆、饭店、学校开始使用中水冲洗卫生间。

有意识地利用污水灌溉的研究和应用在我国尚属起步阶段，对污水灌溉尚缺乏完善的理论与认识。目前，大众对食用由污水灌溉生产出来的粮食和果菜，在观念意识上还不能接受。但是，西方发达国家已经有了许多成功的实例。

污水回用之所以能不断发展而且势在必行，一方面是由于利用再生水的造价比远距离引水便宜；另一方面它是宝贵的水源、难得的肥源。

为了充分利用污水资源，应当对城市近郊一些灌区进行配套和改造，充分利用现有的渠系进行输水，并在田间采用节水灌溉技术和措施。利用再生水灌溉的地区，应当逐步减少机井取水量，尽可能不再增加机井数量。通过降低地下水开采，使地下水得到保护。

基于安全的目的，再生水灌溉的对象应先从近郊生态林、草坪、草场、花园等观赏性植物开始，这样既可以节省淡水，又容易被人们接受。在掌握定规律的基础上，再逐渐向粮食作物和果菜类植物发展。

（二）国外污水回用水应用

国外在城市污水回用方面发展很快，已有很多污水回用的成功例子。

在美国，回用水成为城市水资源的重要组成部分。美国自 20 世纪 50 年代起，就开始着手这方面的工作，美国 2015 年污水回用率高达 72%，357 个城市实现了污水回用，其中回用于农业占 55.3%，回用于工业占 40.5%；仅加利福尼亚州的污水回用量就为 864 亿 m^3。

日本早在 1962 年就开始污水回用的实践，20 世纪 70 年代东京、名古屋和大阪等城市就已将城市污水处理后回用于工业；日本 200 年污水回用率为 77.2%，其中石油和化学工业 2016 年的回用率分别为 89.5%和 83%。

莫斯科东南区设有专用的工业水系统，有 36 家工厂使用处理后的城市污水，每日污水回用量达 55 万 m^3。

南非不但工业使用再生水，而且在约翰内斯堡市，每日自来水的 85%加入的是城市再生水，开创了使用污水回用到饮用水的先例。

以色列是严重缺水的国家，目前城市污水回用率已达 90%。此外，西欧各国、印度、纳米比亚的污水回用也很普遍。

污水回用用途很广。在农业灌溉方面，一是将废水经过处理回灌地下水，使其渗透到含水层，含水层能够对其进行深度处理，然后再从井中抽水，用于灌溉；二是将处理后的回用水作为供水，直接灌溉农作物或园艺作物等。在城镇生活方面，回用水一般用于城镇和居民景观，补给观赏性湖水，冲洗汽车，消防补给水，冲洗办公楼、居民、学校卫生间等。在工业回用水方面，一般用于工业冷却水、钢铁生产等。另外，回用水还用于补给水源，如回灌地下水，以抬高地下水位；排放到河流和湖中，以增加河流和湖水的基流量等。

国际上通常采用的技术有微滤、反渗透等，如纳米比亚采用双膜过滤技术生产出可接受的饮用水水质的回用水。澳大利亚对回用水进行微滤和反渗透膜处理，获得所需的水质。阿拉伯联合酋长国采用生物活性污泥处理法，再通过双层砂滤料和砾石的重力滤池过滤和氯消毒得到深度处理。新加坡采用微滤和反渗透的双膜工艺再接紫外线消毒的处理方法，向高技术和半导体工业供给经深度处理达到高纯度的水。

五、海水淡化

全球水储量共约 13.86 亿 km^3，但其中只有 25%是淡水，而人类能够享用的仅是其中的 0.3%，其余 2.7%的淡水难以为人类所利用。但包括海洋水在内的全部咸水储量占总储量的 97.5%。目前，世界上淡水供应危机重重，随着科学技术的进步，淡化海水将为全球淡水供应开辟广阔的前景。

目前，海水淡化已在全球 120 个国家进行，全世界已有 1.36 万座海水淡化厂，每天生产淡化海水 2600 万 m^3。世界上通用的两大海水淡化技术是蒸馏和反向渗透。蒸馏是将海水煮开后让其蒸发冷却，反向渗透技术是强迫海水通过细密的薄膜，把盐分从水中分离出来。如果将蒸馏和反向渗透技术结合起来，可大大降低海水淡化的成本。

国外海水淡化成本目前为 70 美分 /m^3，对于我国现在的经济状况，费用还是相当高的，不可能大规模投入；但对于有能源、电力和资金的地区，完全可以依靠淡化海水保障自身的淡水供应。中东一些国家淡化海水已占淡水总供应量的 80% ~ 90%。

我国海水淡化技术已取得突破性进展。由中国科学院长春应用化学研究所研制成功的“高效膜法海水、苦咸水淡化技术”，已与企业合作，开始产业化。这项技术运用高性能反渗透复合膜进行纯水、高纯水制备和污水处理，为解决水资源短缺、改善水质提供了科学高效的方法。

六、加强取水许可监督管理

以监管取水许可为核心，通过规范取水许可的登记、申请、发证与审查，强化水资源管理；促进流域内水资源的优化配置、节约使用和有效保护，进而以水资源的可持续利用保障流域内经济社会的可持续发展。在这方面，长江水利委员会水政水资源局的经验值得提倡。

首先，合理核定取水许可量，使流域内水资源得到优化配置。同时，在取水许可管理年报统计基础上，对取水许可证有效期满的取水户近年来的实际用水和产品、产量以及生产结构和工艺的变化情况，进行用水合理性分析，重新核发取水许可证。

其次，实行用水定额管理和计划用水制度。严格考核年度用水状况，认真下达年度取水计划，提出节水要求。同时，在取水户上报年度取水用水总结时，要求他们上报国家认定有资质证书的单位出具的废水排放水质、水量等有关资料；对废水排放水质未达到要求的，责令其限期改正，促进用水户废水、污水排放的达标。

七、保护供水水源地

供水水源地的保护主要是防止水源枯竭。一些地方擅自围垦，不合理侵占水源地，或过量开采水源，致使原有的湖泊、河道水域面积缩小，甚至造成水源枯竭，严重影响了当地水资源的供给安全，恶化了生态环境，也制约了该地区的经济发展。如洪泽湖地区的围垦，使其蓄水量减少 11 亿 m^3，而洪水期间水量太大，无处蓄贮，加重防洪负担。

其次是防治水源地污染。根据水功能区划，建立水源地保护区，在保护区内严禁上污染型的项目，科学使用农药、杀虫剂、化肥等化学药品，提高化学肥料的使用效率，减少农业面状污染源对水体的污染，防止湖泊等水体的富营养化。

因此，要避免水源过量开采，防止水源枯竭；重点要保护好饮用水源，确保居民生活饮用水安全。

第二章　水资源公共行政管理

第一节　水资源公共行政管理的任务与思路

一、水资源公共行政管理的任务

资源管理的目标有两个方面：一是合理开发利用以节约保护资源；二是维护资源开发利用的秩序。

自然资源是人类生存与发展的先决条件，是人类社会存在与发展的基础，人类通过开发利用资源获得生存的条件与利益，但是在开发利用中由于受到利益的驱使，极易出现过度开发、浪费资源、破坏资源的情况。首先，为了防止这种现象的发生，必须由政府进行管理。其次，在资源开发利用过程中，不可避免地会出现资源开发者之间的利益纠纷，影响社会的稳定，也要求政府对其进行管理，维护正常的开发利用秩序。

水资源公共行政管理是从另外的角度来看待水资源问题的，即如何提高公共行政管理的效率；如何用有限的力量维护合理的用水秩序；如何通过管理措施提高用水的效率，解决需求管理的问题。

水资源公共行政管理的基础是：①行政管理力量有多少；②需要行政管理的力量是多少；③两者如何平衡；④开展行政管理需要的基础工作有多少；⑤如何评价行政管理的绩效；⑥需要哪些指标；⑦行政管理的有效手段有哪些，各适用于什么范围；⑧ 管理的边界是什么，如何划定并用适当的方式告知公众。

二、水资源公共行政管理的思路

水资源管理的目的就是提高资源的使用效率，保护资源。

（一）当前水资源管理的方向

在当前，水资源管理就是为了加强水资源的节约与保护，强化水资源与水环境约束，不断提高水资源利用效率和效益。

（二）当前水资源管理的基础

为了加强水资源的节约与保护，必须以强有力的管理为基础，以完善的管理体系为支撑，才能强化资源的节约与保护。

第二节　水资源公共行政管理的对象与手段

一、水资源公共行政管理的对象

人类对水资源的管理只有对使用方式进行管理，规范人类用水的方式，才能达到资源的合理开发与利用，避免产生生态方面的问题。而用水的方式，主要是工业、农牧业与生活用水。我国工业化尚未完成，农村人口巨大，农村生产水平低下，相当一部分农村处于自然经济状态，没有完成农业工业化。而工业城市已经基本完成了工业化，组织化程度、劳动力素质较高，具备了管理的基础条件，而农业由于组织化程度过低，处于自然经济状态，以户为单位，技术装备差、劳动力素质低下，难以实施有效的管理，需采取严格的管制性管理，需要投入巨大的监测设施与装备力量，还需巨大的监督力量，这都与我国当前的水资源管理力量不相符合。因此，当前水资源管理的重点应当放在城市与工业的用水管理上，而不是放在农业用水管理上。

现阶段，城市用水和工业企业用水组织化程度均已较高，已具备全面进行取用水管理而农业除了少数组织化水平较高的灌区和农业企业外，还不具备全面开展取用水管理的组织条件。城市用水以自来水的商品属性为纽带实现了用水群体的组织化；而企业是社会化生产条件下，为了实现某种经济利益而形成的组织，因此也实现了用水的组织化。由于传统农业经济模式尚未得到根本改变，农业生产仍处于分散状态，农民的组织化程度还很低，导致农业用水行为呈现分散、无序、低效的状况。具体来说，农业用水的计量制度、用水收费制度等都没有建立起来。因此，近期内农业用水尚不具备制度化管理的条件。所以，工作重点应放在节水技术的示范、推广和促进农村用水组织发展上。

二、水资源公共行政管理的手段

水资源公共行政管理是在国家实施水资源可持续利用、保障经济社会可持续发展战略方针下的水事管理，涉及水资源的自然、生态、经济、社会属性，影响水资源复合系统的诸方面。因而，管理方法必须采用多维手段，相互配合、相互支持，才能达到水资源、经济、社会、环境协调持续发展的目的。法律、行政、经济、技术、宣传教育等综合手段在管理水资源中具有十分重要的作用，依法治水是根本、行政措施是保障、经济调节是核心、技术创新是关键、宣传教育是基础。

（一）法律手段

水资源管理方面的法律手段，就是通过制定并贯彻执行水法规来调整人们在开发利用、保护水资源和防治水害过程中产生的多种社会关系和活动。依法管理水资源是维护水资源开发利用秩序、优化配置水资源、消除和防治水害、保障水资源可持续利用、保护自然和生态系统平衡的重要措施。

水资源采用法律手段进行管理，一般具有以下两个特点。一是具有权威性和强制性。这些法律法规是由国家权力机关制定和颁布的，并以国家机器的强制力为其坚强后盾，带有相当的严肃性，任何组织和个人都必须无条件地遵守，不得对这些法律法规的执行进行阻挠和抵抗。二是具有规范性和稳定性。法律法规是经过认真考虑、严格按程序制定的，其文字表达准确，解释权在相应的立法、司法和行政机构，绝不允许对其做出任意性的解释。同时，经颁布实施，就将在一定的时期内有效并执行，具有稳定性。

我国在《水法》中做出了比较详细的规定，以便使水资源管理实现法制化、规范化，其主要内容如下。

（1）未经批准，擅自取水的，未依照批准的取水许可规定条件取水的，由县级以上人民政府水行政主管部门或者流域管理机构依据职权，责令停止违法行为，限期采取补救措施，处二万元以上十万元以下的罚款；情节严重的，吊销其取水许可证。

（2）拒不缴纳、延期缴纳或者拖欠水资源费的，由县级以上人民政府水行政主管部门或者流域管理机构依据职权，责令限期缴纳；逾期不缴纳的，从滞纳之日起加收滞纳部分千分之二的滞纳金，并处应缴或者补缴水资源费一倍以上五倍以下的罚款。

（3）拒不执行水量分配方案和水量调度预案的；拒不服从水量统一调度的：拒不执行上一级人民政府裁决的；在水事纠纷解决之前，未经各方达成协议或者上级人民政府批准，单方面违反本法规定改变水的现状的，对负有责任的主管人员和其他直接负责人员依法给予行政处分。

对违反国家规定的水事行为明确了依法处理的要求。

水资源管理一方面要靠立法，把国家对水资源开发利用和管理保护的要求、做法，以法律形式固定下来，强制执行，作为水资源管理活动的准绳；另一方面还要靠执法，有法不依、执法不严，会使法律失去应有的效力。水资源管理部门应主动运用法律武器管理水资源，协助和配合司法部门对违反水资源管理法律法规的违法行为作斗争，协助仲裁；按照水资源管理法规、规范和标准处理危害水资源及其环境的行为，对严重破坏水资源及其环境的行为提起公诉，甚至追究法律责任；也可依据水资源管理法规对损害他人权利、破坏水资源及其环境的个人或单位给予批评、警告、罚款、责令赔偿损失等。依法管理水资源和规范水事行为是确保水资源实现可持续利用的根本所在。

我国自20世纪80年代开始，从中央到地方颁布了一系列水管理法律法规、规范和标准。日前已初步形成了由国家《宪法》《水法》《环境保护法》《水污染治法》《水土保持法》《取水许可制度实施办法》《水利工程管理条例》等组成的水管理法规体系。通过这些法律法规，明确了水资源开发利用和管理各行为主体的责、权、利关系，规范了各级、各地区、各部门及个人之间的行为，成为有效管理水资源的重要依据和手段。

（二）行政手段

行政手段又称为行政方法，它是依靠行政组织或行政机构的权威，运用决定、命令、指令、指示、规定和条例等行政措施，以权威和服从为前提，直接指挥下属的工作。采取行政手段管理水资源主要指国家和地方各级水行政管理机关依据国家行政机关职能配置和行政法规所赋予的组织和指挥权力，为水资源及其环境管理工作制定方针、政策，建立法规、颁布标准，进行监督协调。实施行政政策和管理是进行水资源管理活动的体制保障和组织行为保障。

水资源行政管理主要包括如下内容。

（1）水行政主管部门贯彻执行国家水资源管理战略、方针和政策，并提出具体议和意见，定期或不定期向政府或社会报告本地区的水资源状况及管理状况。

（2）组织制定国家和地方的水资源管理政策、工作计划和规划，并把这些计划和规划报请政府审批，使之具有行政法规效力。

（3）运用行政权力对某些区域采取特定管理措施，如划分水源保护，确定水功能区、超采区、限采区，编制缺水应急预案等。

（4）对一些严重污染破坏水资源及环境的企业、交通设施等要求限期治理，甚至勒令其关、停并、转、迁。

（5）对易产生污染、耗水量大的工程设施和项目，采取行政制约方法，如严格执行《建设项目水资源论证管理办法》《取水许可制度实施办法》等，对新建、扩建、改建项目实行环保和节水“三同时”原则。

（6）鼓励扶持保护水资源、节约用水的活动，调解水事纠纷等。

行政手段一般带有一定的强制性和法制性，否则管理功能无法实现。长期实践充分证明，行政手段既是水资源日常管理的执行渠道，又是解决水旱灾害等突发事件强有力的组织者和执行者。只有通过有效力的行政管理，才能保障水资源理目标的实现。

（三）经济手段

水利是国民经济的一项重要基础产业，水资源既是重要的自然资源，也是不可缺少的经济资源，在管理中利用价值规律，运用价格、税收、信贷等经济杠杆，控制生产者在水资源开发中的行为，调节水资源的分配，促进合理用水、节约用水，限制和惩罚损害水资源及其环境以及浪费水的行为，奖励保护水资源、节约用水的行为。

国内外水资源管理的经验证明，水资源管理的经济方法主要包括以下 5 个方面。

（1）制定合理的水价、水资源费等各种水资源价格标准。

（2）制定水利工程投资政策，明确资金渠道，按照工程类型和受益范围、受益程度合理分摊工程投资。

（3）建立保护水资源、恢复生态环境的经济补偿机制，任何造成水质污染和水环境破坏的，都要缴纳一定的补偿作用，用于消除造成的危害。

（4）采用必要的经济奖惩制度，对保护水资源及计划用水、节约用水等各方面有贡献者实行经济奖励，对不按计划用水、任意浪费水资源及超标准排放污水等行为实行严厉的经济罚款。

（5）根据我国国情，尽快培育水市场，允许水资源使用权的有偿转让。

20 世纪 70 年代后期，我国北方地区出现严重的水危机，各级水资源管理部门开始采用经济手段以强化人们的节水意识。1985 年国务院颁布了《水利工程水费核定、计收和管理办法》，对我国水利工程水费标准的核定原则、计收办法、水费使用和管理首次进行了明确的规定，这是我国利用经济手段管理水资源的有益尝试。

为将经济手段管理的方法纳入法制轨道，1988 年 1 月全国人大常委会通过的《中华人民共和国水法》明确规定，“使用供水工程供应的水，应当按照规定向供水单位缴纳水费”，“对城市中直接从地下取水的单位，征收水资源费”。这使水资的经济管理手段在全国范围内展开获得了法律保证。

（四）技术手段

技术手段是充分利用“科学技术是第一生产力”的基本理论，运用那些既能提高生产率，又能提高水资源开发利用率，减少水资源在开发利用中的消耗，对水资源及其环境的损害能控制在最小程度的技术以及先进的水污染治理技术等，达到有效管理水资源的目的。

运用技术手段，可以实现水资源开发利用及管理保护的科学化，技术手段包括的内容很多，一般主要包括以下几个方面。

（1）根据我国水资源的实际情况，制定切实可行的水资源及其环境的监测、评价、规划、定额等规范和标准。

（2）根据监测资料和其他有关资料，对水资源状况进行评价和规划，编写水资源报告书和水资源公报。

（3）学习其他国家在水资源管理方面的经验，积极推广先进的水资源开发利用技术和管理技术。

（4）积极组织开展水资源等相关领域的科学研究，并尽快将科研成果在水资源管理中推广应用等。

多年管理的实践证明：不仅水资源的开发利用需要先进的技术手段，而且许多有关水资源的政策、法律、法规的制定和实施也涉及许多科学技术问题，所以，能否实现水资源可持续利用的管理目标，在很大程度上取决于科学技术水平。因此，管好水资源必须以“科教兴国”战略为指导，依靠科技进步，采用新理论、新技术、新方法，实现水资源管理的现代化。

（五）宣传教育手段

宣传教育既是搞好水资源管理的基础，也是实现水资源有效管理的重要手段。水资源科学知识的普及、水资源可持续利用观的建立、国家水资源法规和政策的贯彻实施、水情通报等，都需要通过行之有效的宣传教育来实施。同时，宣传教育还是保护水资源、节约用水的思想发动工作，充分利用道德约束力量来规范人们对水资源的行为的重要途径。通过报纸、杂志、广播、电视、展览、专题讲座、文艺演出等各种传媒形式，广泛宣传教育，使公众了解水资源管理的重要意义和内容，提高全民水患意识，形成自觉珍惜水、保护水、节约用水的社会风尚，更有利于各项水资源管理措施的执行。

同时，应通过水资源教育培养专门的水资源管理人才，并采用多种教育形式对现有管理人员进行现代化水资源管理理论、技术的培训，全面加强水资源管理能力建设力度，以提高水资源管理的整体水平。

（六）加强国际合作

水资源管理的各方面都应注意经验的传播交流，将国外先进的管理理论、技术和方法及时吸收进来。涉及国际水域或河流的水资源问题，要建立双边或多边的国际协定或公约。

在水资源管理中，上述管理手段相互配合、相互支持，共同构成处理水资源管理事务的整体性、综合性措施，可以全方位提升水资源管理能力和效果。

第三节　水资源公共行政管理的主体与依据

一、水资源公共行政管理的主体

水资源公共行政管理的主体是法律规定的水行政主管部门。水行政主管部门是指由中央和地方国家行政机关依法确定的负责水行政管理和水行业管理的各级水行政机关的总称。

二、水资源公共行政管理的依据

由于水日益成为一种重要的经济与生存资源，争夺对其控制权蕴藏着巨大的经济利益，不将其纳入公共行政管理的范畴，必将带来混乱，因此必须进行管理。

（一）实行水资源公共行政管理符合水资源的自然属性

水资源具有循环可再生性、时空分布不均匀性、应用上的不可替代性、经济上的利害两重性等特点，而循环可再生性是水区别于其他资源的基本自然属性。水资源始终在降水—径流—蒸发的自然水文循环之中，这就要求人类对水资源的利用形成一个水源供水—用水—排水—处理回用的系统循环。

流域是河流集水的区域，水作为流域的一种天然资源，是连接整个流域的纽带。依靠水的流通，全流域被连通起来，从而形成流域的开放性整体发展格局。流域内上中下游、干支流，都是一条河流不可分割的组成部分，它们与河流的关系，是部分与整体的关系，相互之间有密切的利害关系。上游的洪水直接威胁到下游；下游的河槽状况和泄洪是否畅通，也直接影响到上游的供水水位，事关防洪的大局。上游的污染直接损害下游；下游的经济社会越发展，也越需要上游来水的水量和水质符合使用要求。如果只顾自己的利益，不顾他人利益，例如上游任意截取水量，向江河下游任意排污，向下游转嫁洪水危机等，都违背了水资源的自然属性和水资源利用的一般规律，破坏了水生态循环系统，其结果既危害整个流域，最终也会危害自己。因此，江河的防洪、治理、水环境保护等，不管是上游中游下游，还是支流干流，或者是左岸右岸，都要从整个流域出发，实行流域的公共行政管理。要实现人与水的协调与和谐，必须根据水的自然属性，把水的作用作为完整的系统进行公共行政管理，协调好供水、用水、排水各环节的关系，在不违背水的自然规律基础上，统一规划，合理布局，充分利用水资源的良性循环再生，实现水资源的可持续利用。

（二）水资源公共行政管理是确保经济社会可持续发展的必然选择

水是生命之源，也是农业生产和整个国民经济建设的命脉。我国经济的快速发展，现代农业、现代工业特别是高新技术产业、旅游服务业的蓬勃兴起，对水质、水环境及水资源的可持续利用提出了越来越高的要求。社会经济的可持续发展需要水资源可持续利用作为基本的物质支撑。水资源的可持续利用是指“在维持水的持续性和生态系统整体性的条件下，支持人口、资源、环境与经济协调发展和满足代内和代际人用水需要的全部过程”，它包括两层含义：是代内公平和代际公平，即现代人对水资源的使用要保证后代人对水的使用至少不低于现代人的水平；二是区域之间的公平取水权，即上下游、左右岸之间水资源的可持续利用。在现有的流域管理体制下，各用水户受自身利益影响，用水考虑的是自我发展的需要，不会主动考虑他人及后代人的需要，因而有必要建立一个权威机构，依据流域的总体规划和政策，推动用水成本内部化和水权市场化，对区域的水权、水事活动等进行配置、监控、协调，才能实现水资源可持续利用，满足全流域社会经济可持发展的要求。

（三）水资源公共行政管理提高水管理的效率

水资源管理是一个庞大而复杂的系统工程，它是水系统、有关学科系统、经济和社会系统的综合体。它既受自然环境的影响，又受社会发展的影响，它涉及自然科学与社会科学的众多学科和业务部门，关系十分广泛、复杂。水资源系统是个有机的整体，而体制上的分割管理破坏了水资源的有机整体，地面水和地下水分割管理，供水、排水分割管理，城乡供水分治，工农业用水分割管理等，都严重阻碍了水资源的协调发展、合理调度和有效管理。水资源公共行政管理对提高水资源管理效率、实现水系统的良性循环具有重要的意义。

在水资源短缺问题日益严重的情况下，强化节约用水，优化配置水资源，不仅要依靠行政、法制、科技手段，而且要采取经济手段。发挥市场机制的作用，迫切需要解决水资源开发利用中的产权归属、收益、经营问题，需要解决用水指标、定额、基本水价、节水奖励、浪费处罚等问题。只有深入探索和研究水权、水市场、水价、水环境的相关理论，将理论与实践相结合，这些问题才有可能从全局出发统筹解决。

（四）水资源公共行政管理有利于水资源高效配置

一般来说，在一个较大的流域内，沿河道有许多不同的行政区域，行政区域是政治、文化、经济活动的单元，出于本位利益的考虑，在水资源的利用上总是追求自身利益的最大化。在没有进行流域管理的情况下，各行政区域拥有水资源的配置权，可以在本区域内不同行业自行配置取水量。其结果，水的利用可能在各区域内实现了利益最大。但从全流域看，水的使用效率并不高，不可能达到最优状态。而以流域为单元对水资源公共行政管理，根据各区域不同的土地、气候、人力等资源与产业优势，从流域的全局出发，依据流域的水资源特点，权衡利弊，统筹安排，可实现水资源高效配置。流域管理是在协商的基础上合理分配流域水资源，限制高耗水产业的发展，提高水资源的使用效率，可使有限的水资源发挥最大的效益。此外，流域管理将从全流域的角度出发，制定出合理的有偿使用制度和节水机制，通过流域管理机构监督上、下游地区执行，避免了各区域政府从自身利益出发，各自为政的状况。

流域是一个由水量、水质、地表水和地下水等部分构成的统一整体，是一个完整的生态系统。在这个生态系统中，每一个组成部分的变化亦会对其他组成部分的状况产生影响，乃至对整个流域生态系统的状况产生影响。在流域的开发、利用和保护管理方面，只有将每一个流域都作为一个空间单元进行管理才是最科学、最有效的。因为在这个单元中，管理者可以根据流域上、中、下游地区的社会经济情况、自然环境和自然资源条件，以及流域的物理和生态方面的作用和变化，将流域作为一个整体来考虑开发、利用和保护方面的问题。这无疑是最科学、最适合流域可持续发展之客观需要的。

（五）水资源公共行政管理是国际普遍趋势

水的最大特征是流动性，水的流动性决定了它的流域性。流域是一个天然的集水区域，是一个从源头到河口、自成体系的水资源单元，是一个以降水为渊源、以水流为基础、以河流为主线、以分水岭为边界的特殊区域概念。水资源的这种流动性和流域性，决定了水资源按流域统一管理的必然性。一个流域是一个完整的系统，流域的上中下游、左右岸、支流和干流、河水和河道、水质与水量、地表水与地下水等，都是该流域不可分割的组成部分，具有自然统一性。依据水资源的流域特性，发展以自然流域为单元的水资源统一管理模式，正为世界上越来越多的国家所认识和采用。国外流域管理的一个鲜明特点是注重流域立法。世界各国都把流域的法制建设作为流域管理的基础和前提。流域管理的法律体系包括流域管理的专门法规和在各种水法规中有关流域管理的条款。当前，加强和发展流域水资源的统一管理，已成为一种世界性的趋势和成功模式。

第三章　水资源管理规范化建设

第一节　水资源管理规范化建设概述

一、水资源管理规范化的目的和意义

随着经济社会的快速发展与社会的全面进步，公众法制意识提高，经济活动节奏越来越快，全社会对政府效率、效能要求越来越高。其中，对水资源管理也提出了更高要求，要求管理规范、制度完备、反应迅速。可以说，开展水资源管理规范化建设是水资源形势决定的，也是社会经济发展的需求。

水资源管理规范化的目的是：通过水资源管理规范化建设，建立规范标准的管理体系和支撑保障体系，实现“依法治水”和“科学管水”，实现现代政府“社会管理与公共服务”的协调开展，从根本上提高水资源的管理水平和管理效率，从而配合我国最严格水资源管理制度的贯彻实施。

资源管理规范化的意义是：①水资源管理规范化是落实科学发展观，实现“依法治水”“科学管水”的重要基础工作；②水资源管理规范化可减少水资源管理工作中的盲目性和随意性，大大提高管理效率，降低管理成本；③水资源管理规范化可以明确界定各管理层上下之间、横向之间的责权关系，可有效解决我国水资源管理过程中存在多年的“政出多门”“多龙治水”的现象；④实施水资源规范化管理，引入现代监管技术手段，可以提高监管效率，减少权力寻租，提高管理公正性，吸引更多公众关注与参与，有助于更好地管理具有公益属性的水资源；⑤实施水资源规范化管理，可以为我国水资源管理水平的提高和管理经验的积累

提供一个平台，为制度和工作流程的创新积蓄经验：⑥水资源管理规范化是最严格水资源管理制度实施的重要制度保障。综上所述，实现水资源管理规范化具有重大意义。

二、水资源管理规范化建设的内涵与要求

《现代汉语词典》对“规范化”的解释是“适合于一定的标准”，具体到社会实践可引申为“在经济、技术、科学及管理等社会实践中，对重复性事物和概念，通过制订、发布和实施标准（规范、规程、制度等）达到统一，以获得最佳秩序和社会效益”，所以，水资源管理规范化建设的基本内涵是指在水资源管理领域中，水行政主管部门通过制订、发布和实施标准（包括机构设置、管理形象、基本工作制度、核心工作流程、监管技术手段、保障标准等），使水资源管理能按照水资源内在的管理规律建立一套“目标清晰、简便高效”的规范、严谨、科学的系统管理模式和管理规则，并在该管理体系下实现规范化和标准化的“依法治水”和“科学管水”，最终获得最优的经济效益和社会效益。

为了达到上述要求，水资源规范化建设的过程中必须做好以下几项工作。

（一）提高领导重视程度，明确工作进度

水资源管理规范化建设作为一项创新工作，应当引起各级领导和水资源管理作者的高度重视，为使规范化建设规范有序，就要明确规范化建设的指导思想、建设目标、实施方法和落实措施等，确保水资源管理规范化建设工作有条不紊。

（二）强化依法治水，完善制度建设

根据《水法》《防洪法》《水土保持法》《水污染防治法》《行政许可法》和《取水许可和水资源费征收管理条例》等法规和规定，结合水资源管理工作实际，加强制度建设，强化依法行政、依法治水和管水，通过逐步完善和落实各项规章制度，形成强有力的监督制约机制和依法管理的良好氛围。其中，制度建设是规范化建设工作的重要基础，结合水资源管理工作实际，制定完善、具体、可操作性强的水资源管理工作各项规章制度，是确保规范化建设工作顺利实施，全面完成规范化建设任务的重要保障。随着水资源管理工作地位和重要性的不断提高，所面临的新情况和新问题不断出现，要求水资源管理工作制度建设必须与时

俱进，不断地完善提高，使其能够适应新情况、解决新问题，更好地规范水资源管理工作者的行为，提高水资源管理工作水平，为全面完成水资源管理规范化建设任务奠定坚实的基础。

（三）优化机构配置，加强队伍建设

结合目前水资源机构配置中存在的问题，进一步理顺水资源管理机构设置。同时根据水资源管理工作的特点，突出以人为本思想，建立一支机构健全、形象清晰、人员精干、高效、懂技术、能够适应现代水利管理要求的专业化队伍。

（四）健全考核机制，确保建设质量

为提高水资源管理规范化建设工作的主动性，确保规范化建设目标的实现，把规范化建设各项目标内容，纳入科学的考核评定标准中，建立有效的运行约束与激励机制，从而推进规范化建设进程，强化规范化建设工作力度，确保规范化建设的质量和效果。

（五）强化建设目标，提升规范化建设水平

为确保规范化建设任务能够保质保量完成，在规范化创建过程中，应严格按照规范化建设标准，逐项逐条对照落实，深入细致地开展创建工作。由于最化、细化后的内容丰富、涉及面广，在创建工作中应实行目标管理，把创建任务分解细化，责任到人，使有关管理人员人人有任务、有指标、有压力、有动力，充分调动全体工作人员的创建积极性。

（六）推行科学管理，加大创新工作力度

坚持以科学发展观指导水资源管理规范化建设工作，充分调动水资源管理工作者创新工作积极性，加大创新工作力度充分利用现代化的管理手段管水，强力推进水资源管理工作科技创新制度创新、管理创新，不断提升水资源管理工作的科技水平。

第二节　水资源管理规范化建设现状分析

一、资源管理规范化建设的经验借鉴

从相关资源制度设计与管理工作经验分析我们可以发现，对资源进行规范化建设，要求明确宏观（上下级政府）与微观（政府与资源使用主体）两个层面的制度体系。在宏观层面实施了规划—计划的工作体系，在微观层面确立了以权益管理为核心的管理制度，并辅以科学合理的监测统计体系开展有效的微观监管与宏观考核，具体如下。

（一）明确宏观微观两个层面的制度设计

我国实行的是国家代表全民行使资源所有权的基本制度，同时，中央政府代表国家行使资源所有权。而我国实行的是单一制国家体制，因此，在实际操作中是地方政府根据中央政府的授权代表国家行使相应管理范围内的资源所有权。

资源是生产要素的重要组成部分，由于政府不直接开展社会生产，因此，政府并非资源的终端需求者。地方政府需要通过一定的规则，把代行所有权的资源使用权配置给社会资源需求主体。从工作体制来看，我国的资源管理实行的是自上而下的授权管理体制。上级政府可以制定相应的资源分配规则，具有管辖区域内资源的宏观调控权；而地方政府在直接管辖范围内行使资源的微观配置权。从几个资源环境管理部门的制度框架来看，均从资源的宏观配置层面（上级政府—下级政府）与资源的微观配置层面（政府—社会）制定了相应的基本管理制度，构成了资源管理的主要法律依据。

（二）政府层面确立规划－计划管理的工作体系

长期以来，由于资源环境问题并不突出，各级政府对资源环境管理相对粗放，政府在资源管理上没有建立十分严密的资源配置体系，资源环境空间利用十分粗

放。随着经济社会的发展，资源环境对社会经济发展的硬约束日趋凸显，资源环境可利用量已成为一个区域社会经济发展空间的主要限制因素。同时，由于受不合理政绩观的影响，地方政府倾向于过度开发利用本地的资源环境空间，从而追求经济的高速度增长，导致了资源短缺与环境污染问题的日趋加重。进入21世纪以来，为了遏制地方政府的不良倾向，国土、环保及林业等部门都进一步完善了宏观资源配置的制度设计，初步遏制了资源环境的不合理利用，提高了资源环境使用率。从上、下级政府资源配置层面建立了从中长期规划到年度配置计划的具体执行制度。

（三）微观层面确立了以权益管理为核心的管理制度

由于资源环境是非普通商品，具有很强的公共品特性，因此，政府在微观资源配置方面起到了主导作用。水环境保护与国土管理均建立了以资源使用权管理为核心的管理制度。

（四）确立科学合理的监测手段与统计体系

科学合理的监测统计体系是两个部门开展有效的微观监管与宏观考核的基础。例如，环保部门对主要排污口进行了在线监测，同时，要求排污企业建立了完善的排污统计台账，大大方便了日常的监督管理。由于同样面临基础工作薄弱，现状排污总量不清的情况，在重点污染物COD排放量的总量控制上采取了“增量考核”的办法，而且将COD增量控制要求具体落实到新增污染物审批与具体减排工程上，建立了一套减排统计方法。在具体监督上，不定期开展飞行检测，通过抽检监督排污企业的排污情况，同时也监督地方政府环境管理制度落实情况。在总量考核上，主要以减排工程是否落实作为主要核查内容，保障了考核监督工作的落实，也促进了整体管理水平的提高。

（五）高度重视基层监管队伍能力建设

强化基层一线监管队伍能力建设是两个部门开展管理规范化建设工作的核心工作内容，通过强化对基层监管队伍能力建设的指导与监督考核，推动地方落实必要的人员编制与监管条件。

（六）重视管理与服务工作的标准化

管理与服务工作的标准化是各项基础管理制度得到规范落实的保障，是社会管理与公共服务职能协调开展、相互促进的基本前提。因此，管理与服务工作的标准化也是两个部门规范化建设工作的重要工作内容。

二、行业内外资源管理规范化建设比较及问题分析

各地的水资源管理规范化建设探索中我们可以发现，各地在进行水资源规范化建设的探索集中在以下几个方面：①进一步完善管理体系。由于国家的管理体系是宏观层面的管理，各地需要通过出台相关的政策文件对水资源管理体系作进一步的完善。②规范和梳理核心工作流程。各地均对一些核心工作流程进行优化设计，并实现“制度上网”“制度上墙”工作，有些地方通过信息化技术实现了网上办公业务，大大提高了管理工作的水平和效率。③重视保障体系建设。包括资金保障、制度保障、设施保障和信息化保障等方面支撑保障工作，通过支撑保障体系的建设，为高效、科学地进行水资源管理提供基础技术保障。④各地以取水监控为核心，纷纷构建水资源监管体系。通过信息技术、通信技术、水质分析设备、取用水监控设备及网络中心等构建水资源监控体系，实现对取水口的取水量、入河排污口的排污量、污染物水平、水功能区水质等进行实时监控。

各地在水资源规范化建设探索的过程中取得了一些成就，而相对行业外，资源管理部门的规范化建设程度、水平和应用范围还存在一些不足。以下从管理体系及制度建设、机构配置及人才队伍培养、基础保障建设三个方面进行对比，分析其不足。

（一）管理体系及制度建设方面的问题分析

水资源管理部门在管理体系及制度建设方面存在以下问题。

1. 新理念、新理论不断涌现，但未形成系统工作体系

随着水资源基础性地位的凸显，水资源及其管理的新理念、新理论不断涌现，如生态水利、资源水利、环境水利、水权水市场理论、节水型社会建设、水务体制改革等，引起了广泛而热烈的讨论，但缺乏完整性与系统性。这些理论有些是从不同的视角看待水资源问题形成的观点，有些是引入国外资源管理模式形成的

思考，有些是从整体推进水资源工作出发形成的工作平台。这些理论观点不同程度地介入水资源实际管理工作，丰富了水资源管理工作内容，但也导致了水资源管理与保护制度的庞杂，无法形成系统的工作体系。

2. 规划 – 计划管理体系尚未普遍建立

水资源管理是落实水资源规划的主要途径，也是履行政府资源调控职能的主要手段。但传统水资源规划重视工程布置，主要通过蓄引调水工程的建设进行外延式的资源配置，却极少对管理做出可操作性的规定，使规划对管理的约束性和指导性较弱。计划管理是规划目标的具体落实措施，由于缺乏规划前提，相应工作也无法开展。山东省出台了《山东省用水总量控制管理办法》并于 2011 年 1 月 1 日起实施，这是我国目前出台的第一部有关用水总量控制的地方政府规章，此外北京、浙江也于 2011 年出台类似政策。但我国绝大多数省份正在编制或刚开始实施取水许可总量、区域用水总量控制方面的规划，总体来说水资源宏观管理基本处于缺位状态。

3. 微观监管体系不完善，监管手段落后

近年来，虽然建设项目水资源论证、取水许可与取用水监管工作得到了大大加强，但仍不符合最严格水资源管理制度的要求。一是论证阶段对建设项目用水合理性的论证深度不足，导致了用水户实际用水量大大低于取水许可量；二是取水许可证的内容过于笼统，没有将关键用水设施要求、用水管理要求等纳入许可内容，导致后期监管困难；三是除了部分安装实时监控的取水户外，取水计量不规范、低水平的现象仍普遍存在，企业内部关键用水环节计量没有开展，导致管理部门的用水效率监管缺乏有效的管理节点和管理手段。此外，由于取用水监管工作的不成熟，尚未出台专门的取用水监督管理规范性文件。

4. 水资源保护工作不够成熟

水资源保护工作是水资源工作的组成部分之一，也有相应的管理制度要求，但我国各地在水资源保护工作的具体实施过程中，目前还存在很多不成熟的因素，系统、完整地落实现有制度存在很多难以克服的问题。一是纳污能力与河流的自净能力密切相关，目前尚未有有效的方法进行核算，尤其是将其用在精细管理中十分困难；二是确定每个功能区的限排总量，除了需要精确计算功能区纳污能力外，更需要调查功能区范围内点源与面源污染排放情况，而目前点源由环保部门掌握，面源基本处于粗放管理状态，因此技术上无法准确提出每个功能区的限排总量；三是由于缺乏相应技术依据，现有排污口设置审核工作开展难度很大；四是污染源微观监管工作由环保部门承担，许多制度实施所需的基础条件，水资源管理部门并不具备；五是水质监测与环保存在重复，单独推行实施难度很大。

（二）机构设置与队伍建设的问题分析

由于我国水资源的管理权长期以来受不同地区及不同部门的分割，“多龙治水”现象存在多年，部分城市甚至存在“水源地不管供水，供水的不管排水，排水的不管治污，治污的不管回用”的现象。近年来通过制度革新，已经取得了很大的改善，但机构设置和人才队伍的培养还存在以下几个问题。

1. 管理理念落后于水资源社会管理发展趋势

我国的水资源管理脱胎于传统的水资源开发利用与水文监测，是以工程水利或传统水利为基础的，其管理思想、机构设置、队伍及技术上严重依赖传统的水利管理，管理思想以工程管理为基础，缺少经济、法律及文化方面的思想基础，长期以来形成的管理思路、机构设置、队伍及技术深刻地影响着水资源管理，与当今快速变化的经济、社会形势有一定的距离。虽然近年来管理机构与队伍建设上经过了较大的革新与充实，但与经济社会发展要求、与水资源社会管理与公共服务特点有在一定的差距。

2. 职能归属不清，政策未充分落实

1998 年中央关于《水利部职能配置、内设机构和人员编制规定》和 2008 年《国务院办公厅关于印发水利部主要职责内设机构和人员编制规定的通知》进一步明确水行政主管部门的职责，并对水利部、环保部以及其他相关部门在水资源保护方面的职责划分作出了详细的规定。但在实际的水资源管理过程中，部分地方涉水管理部门并未转变其部门职能，如不少地方的城市供水、污水处理及城市节水归城建部门管理，城市湖泊开发管理与渔业养殖归旅游部门管理等，这些都与国家相关政策规定不符，不利于水资源的统一管理。随着最严格水资源管理制度的深入实施，必须强化组织领导，落实管理责任，建立统筹协调、组织有序、运转高效、保障有力、完善健全的水资源管理机构，并能够严格按照职能分工，各司其职。而在实际水资源管理过程中多数地方水资源管理机构还不够健全，如多数地方未设立专门的水资源管理机构来统筹管理本行政区水资源的配置、节约、保护和管理等各项水资源行政管理工作，多数地方水资源保护、开发和利用等管理职能分散在环保、水利、国土及农业等部门，如水质由环保机关管理，水量由水利部门分管，农业灌溉由农业部门分管。此外，多数地方水资源管理机构“一套人马多套牌子”现象也十分突出，水资源管理核心业务弱化，不少地方尚未成立专门的节约用水办公室来承担本行政区域的节约用水和节水型社会建设管理工作。

3. 机构定性不一，职能难以充分发挥

根据《国务院关于印发国家公务员制度实施方案的通知》中《附件二：国务院所属部门、单位实施国家公务员制度的范围》规定，市县水资源管理部门应当依照实施公务员制度进行管理。而我国大部分县级水资源管理机构中，虽有属于行政公务员编制性质的，但大多数属于事业单位性质，有自收自支事业单位和全额事业单位之分，名称也不尽相同，有“参公事业单位”“监督类事业单位”及“纯公益性事业单位”等，而且机构级别不一。因事业单位不具备执法资格和条件，多数受水行政主管部门委托行使水政执法职能，造成行政管理和执法主体的缺位，使水资源管理和水行政执法职能难以得到有效发挥。同时，从各地的实际调研来看，水资源行政管理工作最早多由事业单位承担，后期有些地方又逐步成立了水资源管理行政处室（由于人数少难以真正承担管理责任），导致原有水资源管理事业单位的管理职能逐步边缘化，职责定位多为技术性、辅助性工作，缺乏明确的职能，存在“责权不对等、信息不对称”等现实的管理问题，在现有管理任务繁重的情况下，不利于发挥水资源管理队伍的整体力量。

4. 缺乏专业人员，人员结构不合理

各地现有的水资源管理机构的人才队伍普遍存在专业人员少、管理人才缺、人员结构不合理和队伍综合素质低等问题，阻碍了水资源管理基本制度的有效贯彻实施。很多市县现有人员队伍只能满足水资源管理一般性工作，对上级提出的各种要求只能采取应付、拖延的应对措施；法律法规赋予自身的监管职能也只行使低水平完成水资源费征收、取水许可证发放等，通常难以保障足额征收与有效审查监管，而节水与保护等方面工作缺乏实质性开展，向上的总结汇报工作内容多是其他部门所开展的工作。

（三）基础保障建设方面的问题分析

我国水资源管理基础保障体系仍然十分薄弱。在管理手段上的差距尤为明显，如环境、国土、林业、海洋及农业等部门都已经把遥感、地理信息系统、全球定位系统、远程监控等现代信息手段广泛应用于污染物排放量、土地资源、森林蓄积量、海洋水质及作物产量等关键数据的获取上，大大增强了监管能力。而水资源管理由于这方面的缺乏，导致水资源管理工作不够规范和严谨。目前水资源基础工作略显单薄，经费投入少，装备和设备保障缺乏，监测能力不足，无法为开展最严格的资源管理提供强有力的支撑。由于基础性工作的不足导致对取用水户的取水计量设施安装还不完善，缺乏计量监测手段，对取用水户的计划管理不够严格，没有很好地实现用水总量控制。虽然划定了水功能区，但因缺乏对入河排污口和水功能区的监测，也未能真正实施纳污总量控制，不少地区出现水体污染加重的趋势。另外，水资源管理还涉及用水工艺、灌溉技术、污水处理回用、公共管理和计量设备等各方面的知识，现有的单一技术支撑体系难以支持管理工作的深入开展。

因此，迫切需要对水资源管理的基础保障性工作进行加强，并实施规范化建设，提高水资源管理水平，从而保障水资源管理顺利开展。

第三节　水资源管理规范化建设路径

一、水资源管理规范化的制度体系建设

最严格水资源管理制度的实施的重要前提是水资源管理部门建立一套规范标准的管理体系，而该管理体系的核心任务是制度和工作流程的标准化建设。在前面对行业外资源管理部门的管理规范化建设经验总结的基础上，本节将对水资源管理制度框架的梳理进行具体阐述。

（一）水资源管理制度框架

近年来，国家层面相继颁布或修订了《水法》《取水许可和水资源费征收管理条例》《黄河水量调度条例》《水文条例》等法律法规，并相继出台了《水资源费征收使用管理办法》《取水许可管理办法》《水量分配暂行办法》《人河排污口监督管理办法》《建设项目水资源论证管理办法》等规章制度，已经初步形成了水资源管理制度的基本框架。但现有的水资源管理制度法规还不够健全，需进一步完善。此外，地方性的配套法规政策相对较为欠缺，为了更好地落实最严格水资源管理制度，还需要对现有水资源管理工作制度及其主要关系进行梳理，形成更为清晰的工作体系。

在借鉴水资源与国土资源制度设计与管理工作经验的基础上，对水资源管理主要制度体系框架总结提炼。

水资源管理制度框架借鉴了水环境和国土资源部门的管理制度框架。水资源管理制度框架总体上可以概括为：以取水许可总量控制为主要落脚点的资源宏观管理体系，以取水许可为龙头的资源微观管理体系，以完善的监管手段为基础的日常监督管理体系。

其中，建立以总量控制为核心的基本制度架构，要以区域（流域）水量分配工作为龙头，按照最严格水资源管理制度的要求对现有水资源规划体系进行整合，提出区域（流域）取水许可总量的阶段控制目标，并通过下达年度取水许可指标的方式予以落实。同时，根据年度水资源特点，在取水许可总量管理的基础上，下达区域年度用水总量控制要求。

在上级下达的取水许可指标限额内，基层水资源行政主管部门组织开展取水许可制度的实施。目前，取水许可制度的对象包含自备水源取水户与公共制水企业两大类。

自备水源取水户具有“取用一体”的特征，现有的制度框架能够满足强化需水管理的要求，但需要进一步深化具体工作。首先，要深化建设项目水资源论证工作，进一步强化对用水合理性的论证，科学界定用水规模，明确提出用水工艺与关键用水设备的技术要求，同时，明确计量设施与内部用水管理要求。其次，要进一步细化取水许可内容，尤其要把与取用水有关的内容纳入取水许可证中，以便后续监督管理。再次，建设项目完成后，要组织开展取用水设施验收工作，保障许可规定内容得到全面落实，同时也保障新建项目计量与“节水三同时”要求的落实。

最后，以取水户取水许可证为基础，根据上级下达的区域年度用水总量控制要求，结合取水户的实际用水情况，分别下达取水户年度用水计划，作为年度用水控制标准，同时也作为超计划累计水资源费制度实施的依据。

公共制水企业具有“取用分离”的特征，而现有制度框架只能对直接从江河湖泊（库）取水的项目进行管理。公共制水企业覆盖一个区域而非终端用水户，其水资源论证工作只能对用水效率进行简单的分析，对取水量进行管理，而无法对管网终端用水户的用水效率进行有效监管。

在水资源管理制度体系中，节水工程、管理队伍、信息系统及经费保证作为基础保障工作也需要建立相应的建设标准和规章制度。

（二）制度体系规范化建设内容

在明确水资源管理基本制度框架的基础上，为了确保国家确立的水资源管理制度要求得到有效落实，各级水资源管理部门需要积极推动出台相应的规章制度。根据我国水资源“两层、五级”管理的工作格局与各个层级所承担的职责，提出了制度体系规范化建设工作内容。

1. 五级水资源管理机构职责及制度规范化建设侧重点

（1）水利部工作职责主要是解决水资源管理工作中遇到的全国共性问题。根据水资源管理形势发展需要，对水资源管理部门、社会各主体及有关部门的工作职责与法律责任进行重新界定的制度建设内容，水利部应积极做好前期工作与法规建设建议，以完善现有的水资源管理法规体系，也为地方出台下位法与配套规章制度提供条件。同时，水利部还要做好各级水资源管理机构工作职责与管理权限的划分、各层级之间的基本工作制度、宏观水资源管控等方面的配套规章制度建设工作。

（2）流域管理机构工作职责主要包括承担流域宏观资源配置规则制定与监督管理、省级交界断面水质水量的监督管理、代部行使的水利部具体工作职责。因此，流域机构制度体系规范化建设工作的重点是加强流域宏观水资源管理与省际交界地区水资源水质管理方面的配套规定与操作规范。代部行使的工作职责需要由水利部来制定有关的配套规定，流域层面仅能出台具体工作流程规定。

（3）省级层面职责主要是根据中央总体工作要求，根据地方水资源特点解决和布置开展全省层面的水资源管理问题。由于水资源所具有的区域差异特点，省级相关法规建设任务较重，省级水资源管理部门要积极做好有关配套立法的前期工作。省级管理机构还要做好宏观水资源管控，重要共性工作的规范、指导、促进，对下监督管理考核等方面的配套规章制度建设工作。省级机构还要开展部分重点监管对象的直管工作，需要制定相关配套规定。总体来看，省级机构以宏观管理为主，微观管理为辅。

（4）市级层面职责包括对市域范围内水资源宏观配置与保护规则制定与监督管理，同时，在直管地域范围内行使水资源一线监督管理职能，宏观管理与微观管理并重。因此，制度体系规范化建设工作既要出台上级相关法律法规的配套规定，又要出台本区域宏观资源监督管理的有关规定，还要出台一线监督管理的工作规范。

（5）县级层面职责是承担水资源管理与保护的一线监督管理职能，是水资源管理体系中主要实施直接管理的机构。因此，制度体系规范化建设上要对所有水资源一线管理职能制定相应的工作规范规程，同时对重要水资源法律法规出台相应的配套实施规定。

2. 当前各级应配套出台的规定规范

（1）关于实施最严格水资源管理制度的配套文件。实施最严格水资源管理制度已上升为我国水资源管理工作的基本立场，是各级政府与水资源管理机构开展水资源管理工作的基本要求。因此，各级党委或政府要根据中央一号文件要求专门出台配套实施意见，作为本地开展水资源管理工作的基本依据。

（2）《水法》与《取水许可与水资源论证条例》的配套规定。它们是确立我国水资源管理制度框架的基本大法，是各地开展水资源管理工作的基本法律依据。因此，各级水资源管理机构应推动地方出台相应的配套规定。省级应出台的配套规定包括：《水法实施办法》或《水资源管理条例》《水资源费征收管理办法》《水资源费征收标准》；市县应出台《水法》及《取水许可与水资源论证条例》的实施意见。

（3）间接管理需要出台的规定规范。间接管理是水资源管理工作的重要组成部分，是促进直接管理工作的重要抓手，主要由流域、省、市承担。我国市级管理机构的工作职责和权限地区差异很大，同时相应的制度建设内容也较轻，因此，仅需要对流域和省出台的配套规定予以规范。流域和省均需出台的配套规定包括：《取水许可权限规定》《取水户日常监督管理办法》《省界（市界、县界）交接断面水质控制目标及监督管理办法》《水功能区监督管理办法》《入河排污口监督管理办法》。省需要出台的配套规定包括：《节约用水管理办法》《取水户计划用水管理办法》《取水工程或设施验收管理规定》《水功能区划》。

（4）直接管理需要出台的规定规范。直接管理是水资源管理的核心工作内容，其管理到位程度直接决定了水资源管理各项制度的落实情况，也直接关系到水资源管理工作的社会地位。水资源直接管理工作主要由县级管理机构承担，地市承担部分相对重要管理对象与直接管辖范围内管理对象的直接管理职责，流域和省承担部分重要管理对象的部分管理职责。流域、省、市县均需出台的规定：取水许可证审批发放工作规程》《取水计量设施监督检查工作规定》《计划用水核定工作规定》《入河排污口审核工作规定》《日常统计工作制度》。

由于上述规定规范具有基础性，是做好水资源管理工作的基本保障，因此，应作为各级水资源管理规范化建设验收评价的必备内容。

3. 下一步应出台的规章制度

（1）非江河湖泊直接取水户的监督管理规定。随着产业分工深化以及城市化与园区化的推进，水资源利用方式上“集中取水、取用分离”的特点愈发明显，自备水源取水户逐年下降。目前，建设项目水资源论证与取水许可管理制度无法覆盖这一类企业的取用水监督管理，也与最严格水资源管理制度要求突出需水管理的要求不相匹配。目前，规范这一类取用水户的制度的建设方向：从完善水资源论证制度与建立节水三同时制度两个层面推进。一方面可以通过修订现有的建设项目水资源论证制度与取水许可制度，将其适用范围从“直接从江河、湖泊或者地下取用水资源的单位和个人”改为“直接或间接取用水资源的单位和个人”另一方面也可以制定节约用水三同时制度管理规定，要求间接取用一定规模以上水资源的单位和个人要编制用水合理性论证报告，并按照水资源管理部门批复的取用水要求来开展取用水活动，并作为后期监督管理的依据。建议水利部应抓紧从这两个方面来推动此项工作，如果突破，就可实现取用水全口径的监督管理。地方水资源管理机构也应根据自身条件开展相关制度建设工作。

（2）非常规水资源利用的配套规定。国家法律明确鼓励在可行条件下利用作常规水资源，节约保护水资源。各地的实践也表明，合理利用非常规水资源能大大提高水资源的保障程度，节约优质水源的利用，实现分质用水。目前，水源管理部门在这一方面缺乏明确的政策引导措施与强制推动措施，应尽快组织开展有关工作。规定要确立系统化推进非常规水资源利用的基本制度设计，根据现实情况采取“区域配额制与项目配额制”是可行的方向。建议在做好前期调研基础上，在资源紧缺及非常规资源利用条件较好的地区先行试点此项制设计，为全面推行打好基础。地方水资源管理机构可先行推动出台有关引导、鼓励与促进政策。

（3）取水许可权限与登记工作规定。取水许可是水资源宏观管理与微观管理的主要落脚点与基本依据，是水资源利用权益的证明，具有很强的严肃性，也是水资源管理工作的重要基础资料，因此，其规范开展与信息的统一在水资源管理工作中具有基础性的地位。水利部要在现有工作基础上根据审批与监管的现实可行性，对流域与省间的取水许可与后期监督管理权限及责任予以进一步细化规定。从长远来看，水利部要统一出台规定建立取水许可证登记工作制度，以解决目前取水许可总量不清、数据冲突、审批基础不实、监督管理薄弱等方面的问题，并将登记工作嵌入各级管理机构取水许可证的审批发放工作过程中，从而解决上下信息不对称的问题，近期可先选取省为单元进行试点。

（4）总量控制管理规定。要尽快研究制定总量控制管理规定，主要明确总量控制的内容（是取水许可总量、年度实际取水量或是双控）和范围（纳入总量控制的行业范围），控制监督管理的基本工作制度（如台账、抽查等），各级管理部门落实总量控制的主要制度保障与工作形式，其他政府部门承担有关责任，不同期限内突破总量的控制与惩罚措施（如区域限批、审批权上收、工作约谈、重点督导等）。在国家规定基础上，流域、省、市应逐级进行考核指标分解，并出台相应的考核规定。

上述规章规定，水资源管理工作需要进一步落实的工作内容，需要从中央层面予以推动省级层面积极突破。在中央没有出台有关规定之前，地方可以作为探索内容，但不宜作为硬性验收要求。因此，有关制度建设内容可以作为各级水资源规范化建设工作的加分内容，并根据形势发展动态调整。

二、基础保障体系的规范化建设

水资源管理的基础保障体系主要包括经费保障、装备保障、设施保障和信息化保障四个方面。

（一）经费保障

目前，我国各地水资源管理机构的办公条件普遍比较简陋，基础设施薄弱，加大资金投入是加强水资源管理部门设施建设的关键。各级水行政主管部门应当拓宽水资源管理工作经费渠道，落实水资源配置、节约、保护和管理等各项水资源管理工作专项工作经费，建立较完善的水资源工作经费保障制度，保障各项水资源管理工作顺利开展。水资源管理工作经费可以参照国土资源所工作经费保障方法，即以县为主，分级负担，省市补贴。省厅可积极争取省级财政的支持，扶持补贴的重点放在经济条件欠发达的地区。基础设施建设经费的筹措，以每个水资源管理机构10万元为基数，省、市、县三级按照3∶3∶4的比例来分担解决。各地要积极协调市、县级财政从水资源收益中安排一定比例的资金，用于水资源管理机构基础设施建设。通过各级水行政主管部门的共同努力，力争使水资源管理机构硬件设施达到有办公场所，有交通和通信工具，改善办公条件，优化工作环境。有条件的地方可加大社会融资力度。亦可参照农业行政规范化建设工作经费保障方法，即省厅每年安排相应的经费，并采取省厅补一点、地方财政拿一点和市、县水行政主管部门自筹一点的办法，分期分批有重点地扶持配备相应的水资源管理设施，改善办公条件，提高管理能力。或者可参照环保部环保机构和队伍规范化建设的方法，在定编、定员的基础上，各级水资源管理机构的人员经费（包括基本工资、补助工资、职工福利费、住房公积金和社会保障费等）和专项经费，要全额纳入各级财政的年度经费预算。各级财政结合本地区的实际情况，对水资源管理机构正常运转所需经费予以必要保障。水资源管理机构编制内人员经费开支标准按当地人事、财政部门有关规定执行。各级财政部门对水资源管理机构开展的水资源的配置、节约、保护所需公用经费给予重点保障。

（二）装备保障

完善水资源管理机构的办公设施，根据基层水资源管理机构的工作性质和职责，改善办公条件，加强自身监督管理能力建设。各水资源管理机构要尽快配齐交通工具、通信工具和电脑网络等设备，实现现代化办公，切实提高工作效率。各级水资源管理机构、节约用水办公室和水资源管理事业单位应根据每人至少10 m^2 的标准设置办公场所，并配备相应的专用档案资料室，为改善工作环境，办公场所应配置空调；应结合当地的经济状况和管理范围、人员规模、工作任务情况，根据实际工作需求，配置工作（交通）车辆，在配备工作、生产（交通）车辆的同时，须制定相关的车辆使用、维护保养规章制度，使车辆发挥最大效益；应配备必要的现代办公设备，主要包括微型计算机、打印机、投影仪、扫描仪等；应配备传真机、数码相机等记录设备；应根据相关专业要求配置GPS定位仪、便携式流量仪、水质分析仪、勘测箱等专用测试仪器、设备，选用仪器适用工作任务需满足精度和可靠度的要求，装备基础保障的配置要求。

（三）设施保障

建设与水资源信息化管理相配套的主要水域重点闸站水位、流量、取水大户取水量、重点入河排污口污水排放量、水质监测等数据自动采集和传输设施，配备信息化管理网络平台建设所需要的相关设备。根据水功能区和地下水管理需要，在水文部门设立水文站网的基础上，增设必要的地下水水位、水质、水功能区和入河排污口水质监测站网。有条件地区，水资源管理机构应当设立化验室，对水功能区和入河排污口进行定时取样化验，以提高水资源保护监控力度。

（四）信息化保障

伴随着经济发展与科学技术的进步，势必要加强水资源管理工作中的信息管理建设和采用先进的信息技术手段。信息化已经深刻改变着人类生存、生活、生产的方式。信息化正在成为当今世界发展的最新潮流。水资源信息化是实现水资源开发和管理现代化的重要途径，而实现信息化的关键途径则是数字化，即实现水资源数字化管理。水资源数字化管理就是如何利用现代信息技术管理水资源，提高水资源管理的效率。数字河流湖泊、工程仿真模拟、遥感监测、决策支持系统等是水资源数字化管理的重要内容。为了有效提高水资源管理机构利用信息化手段强化社会管理与公共服务，必须具备必需的信息化基础设施，包括相应的网络环境与硬件设备保障。

第四章　水资源开发利用模式

第一节　水资源开发利用模式概述

一、地表水与地下水联合运用

地表水与地下水互相联系、互相转化，是一个有机的整体。地表水与地下水联合调度,做到合理开发地表水、科学利用地下水,是水资源合理配置的重要一环。

（一）合理开发地表水

地表水的开发利用要统筹考虑国民经济用水和生态环境用水，根据水资源承载能力，估算地表水资源可利用量，合理控制河道外用水总量。按照国际上常规的准则，河道外用水量一般不宜超过多年平均径流量的 40% ~50%，我国南方地区的河流还有通航、养殖、维持河口三角洲生态和冲淤保港等要求，因此，其比例不宜超过 30%。

在地表水比较丰沛的季节，应加大地表水供水量，并利用富余的水量进行地下水回灌，充分利用地下水库调蓄水量。同时，应根据水资源量随季节变化的特点，合理调整产业结构和种植结构，对需水结构进行适时调整，尽量减少枯水季节的需水量。

（二）科学利用地下水

地下水具有供水保证率较高，水质较好，是生活用水的理想水源，科学利用和保护地下水是合理配置水资源的重要措施之一。因此，要适度开发利用地下水，把开采总量控制在地下水允许开采量之内。对于地下水严重超采区应严禁开采，并尽快采取措施逐步恢复。对于地下水位过高的地区，为防止渍害和土壤盐碱化，减少潜水蒸发损失，可适度加大地下水开发利用量，降低地下水埋藏深度。

二、跨流域调水与当地水联合调度

为了保障资源型缺水地区经济社会发展对水资源的需求，实施跨流域调水是完全必要的。跨流域调水必将对调出区的生态环境和水资源形势带来新的变化，必须全面论证、科学决策。按照国外常用的准则，跨流域调水的最大调水量受两个指标控制：一是最大调水量一般不宜超过调出区多年平均径流量的 20%；二是不宜超过调出区河道外最大允许用水量减去本流域国民经济用水总量之后的余量，以其中较小者作为控制指标。

跨流域调水工程量浩大、成本高昂、供水水价相对较高，要新水新用、优水优用，外调水应主要作为城市和工业用水的水源。

此外，外调水水价一般都高于当地水水价，在经济利益的驱动下，用户往往尽可能利用当地水而不用外调水，这样就会在丰水年形成调水能力闲置，调水工程效益下降的现象。因此，必须对当地水和外调水进行联合调度，统一管理，对当地水和外调水实行加权平均水价，并按照同质同价、优质优价的原则进行供水。其实质就是将调水成本中高于当地水价的差价部分由调入区内的全体用水户合理分担，而不是只由使用外调水的用户来承担。由于实施跨流域调水以后，改善了调入区的水资源条件，受益的是全体用户，所以，由全体用户共同承担因调水而增加的成本符合公平原则。

三、蓄、引、提水工程相结合

蓄水工程是从时间分布上对水资源进行调控，引水（调水）工程和提水工程则是从空间尺度上对水资源进行调控，应根据不同地区的水资源分布特点和调控目标选择不同的工程形式。

（1）蓄水工程是调蓄天然来水，增加供水能力、提高供水保证率的主要工程措施，一般都具有防洪、灌溉、供水、发电、水产养殖、旅游等综合利用功能。蓄水工程投资规模大，建设周期长，淹没损失和移民安置问题比较复杂，大坝安全的风险性也比较大，对坝址区的地质条件要求较高，要有适合修建水库的地形条件，因而蓄水工程的建设受到诸多因素的制约。

（2）引水工程具有投资相对较少、工期较短、工程安全风险性较低等特点，但引水量受河道天然来水状况的制约，供水保证率相对较低，若能与蓄水工程相结合，则可以有效克服其不足。目前，我国引水工程的供水量约占地表水供水总量的2/5。

（3）提水工程除了与引水工程相似的特点外，还存在着能源消耗大、供水成本高等问题，一般仅用于田高水低、引水困难的沿河台、塬或调水线路上需要扬水的地段。

要根据当地水资源条件、水资源调控目标、地形地质条件和建设资金筹措能力等方面的实际情况，制定蓄、引、提工程相结合，取长补短、优势互补的工程布局方案，形成科学、合理的水资源配置网络。

四、多种水源联合开发利用

我国淡水资源总体上不足，要按照“积极开源、综合利用”的原则，开发利用多种水源。在开发利用地表水和地下水的同时，要加大雨水集蓄利用、微咸水利用、污水处理再利用和海水利用的力度。多种水源联合开发，要按照可持续利用的原则，在统筹考虑生态与环境用水的前提下，科学合理利用地表水和地下水，优先合理开发当地水资源，积极合理开发其他水源，实现水资源的合理配置。

五、地下水战略储备

地下水在保障我国城乡居民生活、支撑社会经济发展、维持生态平衡等方面具有十分重要的作用，尤其是在地表水资源相对缺乏的我国北方干旱、半干旱地区，地下水具有不可替代的作用。随着气候变暖、人类活动加强和水质发生变化，我国地下水资源形势十分严峻，突出表现在：（1）地下水资源战略储备不足，不能应对旱灾、瘟疫战争等突发事件；（2）一些地区超量开采地下水，诱发了地面沉降、岩溶塌陷、海水入侵等地质灾害，给人民生命财产安全与国民经济建设带来严重危害；（3）地下水污染趋势严重，许多城市由于地下水污染而面临水质型缺水。面对新形势下地下水资源短缺的态势，在进行水资源开发利用的同时，要尽快加强全国地下水战略储备水源勘查，尽快建立地下水战略储备制度，采取合理的地下水战略储备模式，对保持经济发展和社会安全具有重要的战略意义和现实意义。

第二节　水资源科学分配模式

一、水资源使用权分配制度

长期以来人们把水看作一种公共资源和取之不尽、用之不竭的自然资源，导致水资源的无序开发和低效利用，浪费水、污染水等问题十分突出，水资源短缺日益加剧，对水资源可持续利用构成严重威胁。要结合我国国情，探讨和研究我国水权分配制度，尽快建立健全水权界定、水权分配和水权交易的机制，逐步建立和完善水权分配体系，包括水权法规体系、水权制度体系、水工程体系、计量与监管体系，促进水资源适度开发、合理配置、高效利用和有效保护。

二、主要江河水量分配方案

遵循水资源配置和水权分配的有关原则，实施江河水量分配，协调生活生产、生态用水，统筹兼顾上下游、左右岸和河道内、河道外用水，逐步形成水资源合理配置的格局和安全供水体系。

（一）黄河水量分配

黄河是我国七大江河中第一个制定了水量分配方案的流域。黄河流域水资源短缺，供需矛盾突出，上下游之间，农业用水和城市、工业用水之间，生态与环境用水和国民经济用水之间的供用水矛盾日趋尖锐。

1998 年经国务院批准，国家计委和水利部在 1987 年黄河水量分配方案的基础上，联合颁布了《黄河可供水量年度分配和干流水量调度方案》和《黄河水量调度管理办法》；从 1999 年 3 月起正式实施，并授权黄河水利委员会实施流域水资源统一调度。《黄河水量调度条例》经 2006 年 7 月 5 日国务院第 142 次常务会议通过，2006 年 7 月 24 日以国务院令第 472 号予以发布，自 2006 年 8 月 1

日起在沿黄九省区及河北、天津十一省（区、市）施行。这是国家关于黄河治理开发的第一部行政法规，是第一部关于大江大河流域水量调度管理的立法，在治黄历史上具有里程碑意义。

通过强化流域水资源统一管理、统一调度，尽管2000年流域遇到大旱，黄河来水量比常年减少约30%，在成功实施引黄济津应急调水的情况下，黄河下游仍实现了90年代以来第一次不断流。通过运用行政手段，实施流域水资源统一调配，黄河合理配置水资源初见成效，使黄河连续7年实现了大旱之年不断流，为缓解黄河水资源日益突出的供需矛盾，逐步解决黄河断流难题，改善生态环境奠定了良好的开端。

1987年国务院批准的南水北调工程实施之前的黄河水量分配方案如下（1）多年平均水资源总量580亿 m³；（2）合理安排最基本的生态环境用水量210亿 m³（其中冲沙水量150亿 m³，枯季生态基流50亿 m³，下游河道蒸发渗漏10亿㎡）；（3）水资源总量扣除生态与环境用水量，可供生活和生产用水的水量为370亿㎡；（4）根据沿黄11个省级行政区域的用水现状及发展规划，合理分配备各区域的用水量。

南水北调工程建成通水以后，黄、淮、海三大流域之间的水量调配和黄河的水量分配方案将要进行适当的调整。

（二）塔里木河和黑河的水量分配

塔里木河是我国最大的内陆河。由于人口增长、经济发展，加之多年来对水资源的不合理开发，导致水资源大量浪费与严重短缺的现象并存，生态环境日趋恶化，源流与干流、上中游与下游之间的用水矛盾不断加剧，塔里木河下游320 km河道已断流30余年，沿河绿色走廊濒临消失。从2000年7月开始，由水利部和新疆维吾尔自治区人民政府共同组织从博斯腾湖通过孔雀河向塔里木河下游应急输水，先后7次累计输水20.42亿 m³，塔河流域地下水位在逐步恢复，输水后地下水质明显改善；沿岸两侧400~500 m范围内的0~3.0 m深度内土壤含水量明显增大；沿河两侧400~500 m范围内的树木也有明显生长较快的趋势；沙地面积有所减少，塔河干流下游遥感影像资料显示，天然植被面积增加179.9 km²，水域面积增加148.6 km²，沙地减少337 km²，接济塔里木河下游岌岌可危的生态系统，下游干涸几十年的河道沿线重新出现了生机。按照规划要求，塔里木河 4 条源流即和田河、叶尔羌河、阿克苏河、开都 – 孔雀河，到 2010 年必须向干流分别下泄水量 9 亿 m^3、3.3 亿 m^3、34.2 亿 m^3 和 4.5 亿 m^3，卡拉水库向下游下泄 4.5 亿 m^3，大西海子水库以下水量不少于 3.5 亿 m^3，水流直达台特马湖。

黑河是流经青海、甘肃和内蒙古自治区的内陆河，多年平均径流量 28 亿 m^3，目前仅中游地区国民经济用水量已达 26 亿 m^3，远远超过了水资源承载能力，造成上下游之间、生态与环境用水和国民经济用水之间的矛盾十分突出。黑河调水是国家为缓解流域水资源供需矛盾，遏制下游生态系统持续恶化趋势而采取的重大战略举措。2000 年 7 月起，由水利部组织协调，按国务院批准的分水方案进行跨省、区分水的统一调度，水量统一调度以来，下游生态恶化的局面逐步得到控制，取得了显著的经济效益和社会效益。2004 年黑河转入正常调度，提出并顺利实现了“确保完成下泄指标，确保调水进入东居延海”的调度目标。2005 年，面对水量统一调度以来最为严峻的形势，流域机构通过不断创新和丰富调度手段，首次实现东居延海全年不干涸。

黄河、塔里木河和黑河在全流域统一管理和调度下，实现水资源的合理配置，意义是极其深远的，说明传统的治水思路正在发生重大变化，开始把生态用水放在重要位置，在考虑经济用水、生活用水的同时，必须安排好生态和环境的用水，坚持人与自然和谐共处。

（三）其他江河

（1）海河、淮河、辽河等流域，水资源利用程度已分别达到 90%、45%和 50%左右，水资源可供量与各省、自治区、直辖市的需求量之间存在较大缺口，供需矛盾日益突出，目前大都依靠挤占生态用水，超采地下水为代价来维持经济发展，水污染和生态环境恶化的问题十分严重。因此，首先应对水资源利用程度超过 40%的流域进行初始水权分配，尽快实施水量统一调度和统一管理。

（2）长江的水资源比较丰富，目前水资源利用程度低于 20%。但随着本流域人口增长和经济发展、生态与环境用水增加和南水北调工程的实施，河道外用水将大量增加，水资源利用程度将达到 30%左右。因此，对长江流域的水资源分配问题应尽早深入研究。

（3）珠江及西南诸河水资源丰沛，目前水资源利用程度较低，尤其是西南诸河仅为1.5%。但从水资源可持续利用的目标出发，也应研究制定水资源分配方案，以促进流域水资源统一管理与调度，实现水资源合理配置。

三、总量控制与定额管理

实行资源统一调配和计划用水、节约用水，必须建立总量控制与定额管理两套指标体系。宏观层次上的用水总量控制体系与微观层次上的用水定额管理体系，两者相辅相成，密不可分。在以流域为单元的水资源系统中，各地区各行业、各部门的用水定额是测算全流域用水总量的基础，同时又是分解总量控制指标，实现总量控制目标的主要手段。总量控制的调控对象是水权分配和取水许可，定额管理调控的对象是用水方式和用水效率。

（一）总量控制体系

关于总量控制，在一个流域内可分为四个层次。

第一层次是确定可供国民经济各部门分配的供水总量，并按照以水定地以水定产、以水定发展的原则确定全流域的总体控制目标。相关参数包括：流域水资源总量，生态与环境基本需水量，现状供水工程的最大供水能力，以及考虑水资源量随机变化的实际供水量，并根据各类合理用水定额测算的全流域需水总量。当需水总量超过可供水总量时，通过供需分析必须调整和降低用水定额，或调整产业结构，加大节水力度，压缩需水总量，达到供需平衡。

第二层次是根据供水总量并考虑现状用水情况，对流域内各省级行政区进行水量分配，从而确定各省级行政区水的使用权和取水许可总量。这一过程同样要经过以用水定额为基础的需水量测算和供需平衡分析，并采取各行政区域参与民主协商、上级政府审查批准的程序加以确定。

第三层次是各省级行政区根据其分配到的取水许可总量，按照上述原则在其辖区内进行二次分配或多次分配。

第四层次是直接面对各类用水户，包括灌区、企业、机关事业或个人。根据用户的取水申请和相应的用水定额核算其合理的用水总量，汇总后在本流域用水总量限额内协调平衡，最后确定各用水户的配水总量和年度用水计划。

（二）定额管理体系

定额管理是实现总量控制目标的关键环节。总量控制目标经层层分解，制定用水总量分配指标和分行业用水定额，最终落实到每一个用水户，并严格按计划、定额用水，才能真正把用水总量控制在供水总量的范围之内。可见，定额管理是一项强制性管理措施，当用水户超计划、超定额用水时，必须采取行政、经济和技术手段予以调控，抑制用水需求，促进节约用水。

在实行用水总量控制和定额管理的同时，还应当根据供水、用水、排水、治污一体化管理的要求，逐步与排污总量控制、排污许可和污水排放指标控制结合起来，实现水资源供、用、排全过程的协调统一。

四、取水许可制度

取水许可制度是我国实行水资源统一管理的一项基本制度，是国家行使水资源所有权管理的一种基本形式和重要手段。1993 年，国务院颁布《取水许可制度实施办法》，标志着我国取水许可管理制度开始进入法制化轨道，对强化水资源统一管理，树立水资源有偿使用的观念，促进水资源的合理配置、高效利用和有效保护发挥了积极的作用。

2006 年，国务院颁布了《取水许可和水资源费征收管理条例》。新条例的主要特点是：（1）规范了取水许可程序。为了更好地保护相对人权益，提高行政效率，按照行政许可法的有关规定，《条例》进一步完善了取水许可申请、受理、审批的程序，明确了审批权限和期限，规范了取水申请批准文件和取水许可证的主要内容、发放程序和有效期限，增强了法律的可操作性。（2）明确了取水许可审批的基本依据。《条例》规定，取水许可实行总量控制与定额管理，审批机关应当依据流域、区域间的水量分配方案或者协议，首先满足城乡居民生活用水，并兼顾农业、工业、生态与环境用水以及航运等需要。（3）增强了审批的公开性和透明度。《条例》规定，取水涉及社会公共利益需要听证的，审批机关应当向社会公告并举行听证；取水涉及申请人与他人之间利害关系的，审批机关在作出是否批准取水申请的决定前，应当告知申请人和利害关系人，申请人、利害关系人要求听证的，审批机关应当组织听证。对于取水许可证的发放情况，审批机关应当定期公告。（4）明确了不予批准的情形。为了加强水资源保护，避免行政机关任意“不许可”或者“乱许可”，《条例》明确了不予批准的情形：在地下水禁采区取用地下水的；在已经达到取水许可控制总量的地区增加取水量的；可能对水功能区水域使用功能造成重大损害的；取水、退水布局不合理的；公共供水管网能够满足用水需要时，建设项目自备取水设施取用地下水的；可能对第三者或者社会公共利益产生重大损害等。（5）强化了取水许可审批的法律约束力。《条例》规定，取水申请经审批机关批准后，申请人方可兴建取水工程或者设施；需由国家审批、核准的建设项目，未取得取水申请批准文件的，项目主管部门不得审批、核准该建设项目。

为适应从传统水利向现代水利转变，从工程水利向资源型水利转变的需要，在取水许可制度中需重点抓好以下几个方面的工作：（1）落实各项配套制度，例如取水许可审批权限划分、水资源费征收标准等。（2）按照供水、用水、排水统一协调管理的原则，建立供、用、排相结合的水资源供需全过程管理的格局。（3）按照建立水权制度和水市场的要求，遵循市场经济规律，在健全和完善取水许可制度的实践中，积极探索初始水权分配，把初始水权明晰到各个地区、各个城市，分解到每个用水单位和用水户，为水权界定、水权分配、水使用权转让提供理论依据和实践经验。

五、水资源的有偿使用

水资源短缺已经成为制约我国社会经济发展的重要因素，而人口迅猛增长，气候条件变化，城市规模扩大，经济活动加剧引起的环境和水质的恶化加剧了水资源短缺。面临日益增大的资源压力，我们必须采取有效措施来保护水资源，提高水资源的利用效率，充分发挥水的商品属性，全面推行水资源有偿使用制度，依法征收水资源费，促进水资源可持续利用。

水资源的有偿使用是指国家基于水资源所有权，由政府代表国家行使的水资源使用收益权。具体表现为国家通过制定法律，强制性针对开发利用水资源取得收益的行为征收费用。作为水资源使用者来说，就是通过交纳一定的费用，从而取得水资源使用权。

水资源有偿使用已成为法律规定的原则。2002 年 8 月 29 日，新修订的《中华人民共和国水法》经九届人大第 29 次常委会审议通过，并以第 74 号主席令发布施行。《水法》第三条规定“水资源属国家所有”。第七条规定“国家对水资源依法实行取水许可制度和有偿使用制度”。第 48 条进一步明确规定“直接从江河湖泊或者地下取用水资源的单位和个人，应当按照国家取水许可制度和水资源有偿使用制度的规定，向水行政主管部门或者流域管理机构申请领取取水许可证，并缴纳水资源费，取得取水权”。

水资源有偿使用的内涵及其具体内容主要有两方面：一是水资源有偿使用应包括使用有偿和使用补偿两部分；二是有偿使用水资源应按水资源多种用途特性制定收费办法及收费标准。实行水资源有偿使用，用水缴纳水资源费，是强化水资源管理，促进保护和节约水资源的有效途径，是实现资源科学分配和可持续发展的必然措施。

第三节　水资源保护模式

加强对地表水水资源的保护，使主要供水水源地的水质达到国家规定的标准，使江河湖泊水质明显好转，生态环境得到改善。划定供水水源地保护区，在供水水源区内严禁导致水源污染的各类活动。对重要水源地，特别是饮用水水源地以及泉水的水质和水量，严格执行国家和地方有关的管理规定，加强保护，禁止进行对水质有影响的活动。加强对地下水资源的保护，因地下水资源超采出现地面沉降或海水入侵的城市和地区，要规定超采区范围，向社会公布，并规划建设替代水源和地下水人工回灌工程。

加大水污染防治力度，对江河湖库水体实行功能区划，按照水功能区划的要求，明确功能区保护的水质目标，确定水体纳污能力和污染物总量控制目标实施水域排污总量控制，控制废污水实现达标排放。按照纳污能力实行总量控制，实行省际断面水质交接制度，使水域功能区水质达标，使江河湖库水质状况恶化的趋势得到初步遏制。

加快城市污水处理设施建设，提高城市污水集中处理率。城市新建供水设施的同时要建设相应的污水处理设施，大型公共建筑都应建立中水系统，使重要的大中城市地表水质量，必须达到国家规定的标准，工业企业由主要污染物达标排放转向全面达标排放，50万以上人口的城市，污水处理率达到60%以上。

积极开展面源污染防治，加强畜禽和水产养殖污染的综合治理，严禁向湖滨、河岸、水体倾倒固体废弃物。改变传统的滥用化肥和农药的生产方式，鼓励生态农业建设和绿色农产品生产。逐步控制面源污染对水质的影响，使湖泊水库富营养化程度得到抑止和好转。

为有效保护地下水资源，必须严格控制超采区地下水开采，遏制超采区扩展，改善和保护生态环境。

地下水超采区划分是加强水资源管理，有效控制地下水超采的前提，也是因地制宜、突出重点、实施地下水超采区生态治理工作的基础。根据超采程度以及引发的生态环境灾害情况，地下水超采区划分为严重、较严重、一般三类。禁采、压采、限采是控制、管理地下水超采区的具体措施。禁采措施一般在严重超采区实施，属终止一切开采活动的举措；压采、限采措施一般在较严重超采区实施，属于强制性压缩、限制现有实际开采量的举措；一般超采区，要采取措施，严格控制开采地下水。禁采区、压采区限采区以及严格控制区与相应的超采区范围是一致的。

根据相关的地下水限采压采规划，确定地下水取水总量控制指标，实施地下水总量控制管理；加大地下水开采计量管理力度，为地下水总量控制管理提供技术支持。

第四节　水资源开发利用路径

采取工程、行政、经济和科技措施，以及法律和政策等手段，通过水资源的优化配置、合理开发、高效利用、有效保护和科学管理，提高利用效益和效率，提高水资源的承载能力，促进水资源可持续利用。

一、优化配置水资源

根据资源、环境、经济协调发展的原则，运用系统分析和优化方法，以高效利用为目标，按照流域和区域水资源总体规划，在政府宏观调控下，运用市场机制，加强需水管理和用水定额管理，以供定需，优化经济结构和生产力布局，实行水资源总量控制。通过工程与非工程措施的有效组合对水资源进行合理配置，力求不同形式的水资源、水资源与其他资源、水资源区域间的配置合理，以及生活、生产和生态用水的配置合理，达到经济效益、社会效益和生态环境效益三者的统一。

（一）基本原则

实现水资源合理配置的基本条件包括：具有以流域为基础的水资源统一管理的法制基础，改革水资源的管理体制，建立高效的管理运行机制，以及具有完善配套的水资源调控和污水处理设施体系。水资源合理配置应遵循如下原则。

（1）共享原则。共享是水资源合理配置的前提。一方面水资源为国家所有，属于“公共资源”，人们有共享的权利；另一方面在经济社会协调发展的基础上，各行业用水存在协调的关系，具有共享的权利，因此各种形式水资源的利用要统筹考虑，相得益彰。

（2）系统原则。系统是水资源合理配置的基础。流域是由水循环系统、社会经济系统和生态环境系统组成的具有整体功能的复合系统。流域水循环是生态环境最为活跃的控制性因素，并构成流域经济社会发展的资源基础。以流域为基本单元的水资源合理配置，从自然角度是对流域水资源演变不利效应的综合调控；从法律角度是对公共河流的水资源在不同地区、不同行业间的合理分配；从经济角度是对水资源开发利用中各种经济外部性的内部化；从系统角度，要注重除害与兴利、水量与水质、开源与节流、工程与非工程措施的结合，统筹解决水资源短缺与水环境污染对经济可持续发展的制约。

（3）协调原则。协调是水资源合理配置的核心。一是经济社会发展目标和生态保护目标与水资源条件之间的协调；二是近期和远期经济社会发展目标对水的需求之间的协调；三是流域之间和流域内部不同地区之间水资源利用的协调；四是不同类型水源之间开发利用程度的协调；五是生活、生产与生态用水的协调。

（4）经济原则。经济是实现水资源合理配置的手段。核心是通过经济手段提高用水效率和经济效益，即水资源开发利用应寻求边际成本最小和益本比最大。

在宏观层次上要考虑从全国、全流域角度，实现水资源开发利用的低成本；在微观层次上要具体到工程的投资和资源使用最经济，确定多种水资源的合理使用。

（5）高效原则。高效是实现水资源合理配置的目标。一是通过水资源配置工程系统提高水资源的开发效率，减少工程系统在水资源调控过程中的无效损失；二是提高水资源的利用效率，使调控后的水资源得到高效利用，使有限的资源最大程度地发挥效用，提高单位水资源的经济产出。

（6）优先原则。优先是水资源合理配置的依据。生活、生产、生态用水，生活优先，要在保障人民生活促进经济发展的同时维持和改善生态环境。对于连续枯水年和特枯年的应急用水方案，应重点保障人民生活用水，兼顾重点行业用水，确保应急对策顺利实施；开源、节流与保护，节流与保护优先；地表水与地下水等各种水源的利用，地表水优先。

（二）宏观调控

水既是自然资源、经济资源和战略资源，又是人类共享的资源。水是生命之源、人类生存与发展的大动脉，维护生态环境安全的命脉。它影响人类的生活水平和生活质量，涉及国民经济各个部门，直接关系到国民经济的可持续发展和人口、资源和环境的协调发展，要充分发挥政府对水资源合理配置的宏观调控作用。政府宏观调控的主要任务：一是在“资源共享”的前提下，以流域为基础，根据水资源条件，按照合理配置的原则，对水资源的使用权进行分配；二是对各地区和各行业分配的水资源使用权进行监控、审计和规范管理；三是在保证经济协调发展的基础上，各地区和用水部门在所分配的使用权范围内，通过政府对水资源进行再配置，提高全社会的水资源使用效率，保证水资源的高效利用；四是供水是公共事业，政府要用法律手段管理调控商品和服务的价格，应以政府定价（或指导价）为主体，结合市场调节价来确定供水价格，不允许经营者自行定价，以稳定经济社会秩序；五是加强需水管理，建立水资源的宏观调控和微观定额两套指标体系，以保障水资源的可持续利用。

（三）市场机制

水作为资源不具有商品属性，通过工程开发的水资源才具有商品属性，但它是公共商品，具有非排他性和非竞争性的特点。水利作为基础产业，不是一个完整独立的产业。防洪、除涝、水土保持、水环境保护等是公益事业，灌溉具有半公益性特点，航运、城乡生活供水、工业供水、水力发电、水利旅游等可列为经营性产业。随着我国社会主义市场经济体制的完善，发挥市场机制在水资源合理配置中的基础性作用日趋重要。因此，在水资源合理配置中要发挥市场机制的基础性作用，对具有经营性的产业应通过深化改革，逐步按市场经济规律进行运作。

从水市场的内涵与特征来看，水市场与水权、水价三者是不可分割的整体。市场机制的建立，要求水资源管理体制与其相适应。建立政府对水资源权属的统一管理和水资源使用权的市场化运作相结合的机制，实行政府向取水单位征收水资源税（费）和供水企业向用水户征收水费的制度。国内外经验表明，提高供水价格，可以促进节约用水和加强工程管理。因此，制定有利于水资源可持续利用的经济政策，对缓解水资源的供需矛盾至关重要。

供水市场受到诸多因素的制约，缺乏其他商品市场的共性与特点，不具备般商品的竞争力，水不可能完全靠市场来调节。中国供水市场是一个有条件的市场，或者说是一个不完全的市场。在这样的供水市场中，国家应根据情况实施不同的市场经济政策，给予支持与补贴。

（四）法制保障

实行水资源合理配置需要相应法规为保障，合理配置的关键在于水资源的统一管理。统一管理包括国家宏观管理、流域管理和区域管理三个层面。当前的重点主要是要赋予流域水资源统一管理的权力，建立流域管理与行政区域管理相结合的管理体制。

鉴于中国水资源的合理配置和水市场的培育和建立受到自然条件、设施状况、社会体制、公众意识、管理机构、人员素质等一系列因素的制约。因此，加强法制建设，尽快修改“水法”，制定“流域法”是当务之急，只有依靠法制才能确保水事行为的规范化、有序化和法制化。

（五）应急对策

我国降水时空分布不均，经常出现连续枯水和特枯水的年份，为减轻特枯水年所造成的灾害损失，各流域和大中城市要制定相应的对策措施和应急方案，及时调整水资源的分配方案和用水计划指标。对城镇和农村生活用水，实行定时、限量供水；维持工农业基本生产，对社会经济影响较小和耗水量大的工厂，实行限产或停产；对农作物生长所需的关键水和商品菜田需水实行低限供水，以尽量保证人们最低的粮食和蔬菜需求。根据旱情发展，适时调整工程的供水方式，动用水库的部分死库容，增加供水；在控制地下水埋深和不引起严重环境地质问题的条件下，适当超采浅层地下水和动用部分深层地下水；在国家水行政主管部门的组织下，实施跨流域或跨地区临时调水，以及进行人工增雨等。在保证低限基本供水的前提下，调整水资源配置，尽量减少特枯水年所造成的经济损失，保持社会的有序和安定。

二、合理开发地表、地下水资源

根据我国水资源的特点和地区分布的差异性，对有限的、不同形式的水资源进行适度开发，通过区域性的合理配置，缓解北方地区水资源短缺的矛盾，满足未来人口增长和经济社会发展对水的需求，是 21 世纪水资源可持续利用的战略选择。

（一）总体布局

按照中央水利建设方针和部署，以长江、黄河两条江河为轴线，针对东、中西部不同的水问题及水利建设特点，进行水利工程建设布局，通过保障防洪安全和水资源可持续利用促进社会经济持续发展。根据水资源承受能力，合理确定工业、城市及灌溉发展规模和产业结构，避免布置高耗水、重污染的工业项目，严禁盲目发展灌溉面积，生态环境建设要考虑降雨和水资源条件。从全局出发统筹考虑，优化水资源配置，大力节约用水，兴建南水北调等大型跨流域跨地区的调水工程，形成东西互补、南北互济的水资源配置格局，采取多种方式缓解北方地区水资源紧缺的矛盾。

（二）建设重点

（1）南水北调工程。我国北方为资源性缺水地区，当地水资源系统无法满足经济社会发展用水要求，必须依靠从外流域调水。南水北调工程是实现区域及流域水资源合理配置的重大战略性工程。目前研究论证的南水北调东、中西线工程都是必要的，可从水资源可持续利用和合理配置的高度，统筹协调，解决北方水资源的短缺问题。为此，应把三条调水工程作为一个系统工程，进行总体设计，全面规划，分步实施，对水量实行联合调度，实现上中下游、南北方水资源的合理配置。南水北调直接供水的主要目标是城镇生活和工业用水，在调水之前，要首先做好节水、治污和环保规划，并落实好相应措施和投资。

（2）骨干水源工程建设。重点加强长江、黄河等江河干支流防洪控制性骨干水利枢纽工程建设；在地下水尚有一定开发潜力的地区，有计划地建设水资源工程，合理开发利用当地水资源。不断提高严重缺水地区的供水和抗旱能力，保障城乡生活和工业用水。

（3）城市供水。根据流域和区域水资源条件，合理配置资源，调整用水结构，多渠道开源节流，兴建引英入连、引黄济烟济威等城市供水工程，逐步建设稳定可靠的城市供水水源。大中城市要重点加强水源工程建设，改变单一水源供水状况，小城镇要进一步加强供水设施建设，提高供水能力；加强净水厂和供水管网建设和改造，提高生活饮用水卫生标准，重点对20世纪50年代建设的13万km严重老化的城市配水管网进行改造，以防止“二次污染”和减少管网漏失；要逐步建立中水管道系统，加大污水处理回用力度；加强城市供水水质监测网络和监管体系建设，保障城市生活和工业用水；加强水污染治理和城市排水建设，所有建制市城市都要建设污水处理厂，大中城市要建设集中污水处理厂，提高污水处理率。

（4）人畜饮水。按照1993年制定《国家八七扶贫攻坚计划》时在册的饮水困难人数，尚有未解决人畜饮水困难的人口2400万人。据最近的统计，由于人口增长、水源条件变化等原因，目前全国实际待解决饮水困难人数远大于此数。要采取多种渠道，加大对人畜饮水工程建设的投入力度，集中使用中央和地方各类资金，发挥农民的积极性，因地制宜地修建小型微型水利工程和在有条件的地区修建集中供水工程，利用3年时间或更长一点时间基本解决2400万人的饮水困难问题。之后还要进一步提高饮水的质量。对生存条件恶劣、人畜饮水极度困难的地区，有条件的可结合异地扶贫等措施解决饮水困难问题。

（5）病险水库除险加固。水利部于1986年和1992年先后确定了第一批43座、第二批38座，影响重要城镇和铁路干线的全国重点病险水库。经过对一些病险水库的除险加固，目前，全国尚有141座大型水库，约占大型水库的41%，以及41%的中型水库（其中影响县以上城镇、重要交通干线的重点的541座）和36%的小型水库存在病险隐患。近期要按照分级负责的原则，抓紧进行病险水库除险加固，完成国家确定的重点病险水库中未完成的28座水库的除险加固，完成部属、跨省（市、区）及影响大中城市和重要基础设施安全的148座大中型病险水库的除险加固，力争基本完成地方其他重点病险水库除险加固。

（6）农田水利工程。加强对现有灌区的配套工程建设和以节水为中心的技术改造。在有条件的地区，根据流域水资源规划，在合理分配流域上下游及不同部门间用水和考虑生态环境用水的基础上，根据可能适当扩大灌溉面积，新增灌溉面积必须充分考虑节水措施。通过完善灌排设施，实行旱涝盐碱综合治理，逐步对现有灌区内的2.3亿亩中低产田进行改造，提高农业生产效率和水土资源的利用效率；在四川、广西、贵州等省（区）的土石山区，陕西、山西、甘肃、宁夏等省（区）的黄土高原干旱、半干旱缺水区，东北的缺水地区，通过修建水窖、旱井、蓄水池等小型微型水源工程，发展集雨节灌和推广“坐水种”等非充分灌溉方式，发展旱作农业，建设基本农田；在西北、东北和西南一些省区，选择具备水资源条件的牧区，通过采取雨水集流、开发利用地下水、引洪淤灌等措施，建设一批以节水灌溉为主的人工饲草料基地示范工程。

（7）乡镇供水。目前，全国已建成不同规模的乡镇（含县及县级市）供水工程近3万处，日供水能力达到6000万t，解决和改善了近1.5亿人口的生活用水和生产用水，为农村经济社会的发展提供了物质支撑和保障。要结合小城镇建设，加强乡镇及农村供水工程建设，促进农村经济社会发展，并逐步把重点转到农村，努力使广大农民群众吃上卫生、方便的水。

（8）水电及农村水电电气化县建设。结合江河治理，加快长江三峡工程和黄河小浪底工程等综合控制性枢纽的水电建设，以及红水河、澜沧江、金沙江、黄河中上游水电基地开发。按照“流域、梯级、综合、滚动”的模式，开发中小河流的水电资源。完成水利系统负责的农村电网改造工程。在四川、云南、广西、江西、福建、新疆、甘肃、陕西等22个省(区)的小水电供电区内，结合水利扶贫，因地制宜，大力发展中小水电，建设400个农村水电电气化县，带动边远山区的经济发展，促进当地人民脱贫致富。积极开发西部地区丰富的水能资源。

（三）开发利用非传统水资源

（1）雨洪资源利用。加固病险水库，提高水库的防洪标准，发挥水库径流调节作用，最大程度地利用雨洪资源。新建水库要根据分期洪水出现概率和特征，从设计上入手合理确定分期防洪限制水位，多拦蓄后期洪水，并通过加强洪水自动测报，利用水库防洪库容，适当超蓄，尽可能多利用雨洪资源。在西北和华北以及西南和中南等地，大力兴建水池、水柜、水塘等小、微型蓄水工程和雨水集蓄工程，加大雨洪资源利用量，增强农田抗旱能力。

（2）污水处理回用。污水处理回用可作为工业、城市建设、城市绿化、环境、河道生态和农田灌溉用水。要加大污水处理回用力度，有条件的要逐步建立中水道系统，重视污水处理回用设施建设，因地制宜建设回用的专用管网。

（3）微咸水利用。试验资料表明，咸水的开采利用有利于淡水的入渗补给和对咸水的淡化作用。咸水的利用过程也是对地下咸水的改造过程。在我国微咸水和咸水分布面积较广的华北平原和西北地区，合理利用微咸水，也能为缓解地区水资源紧缺状况发挥一定作用。

（4）海水利用。海水利用包括海水的直接利用和海水淡化。海水淡化对解决沿海城市，特别对解决淡水匮缺的岛屿用水有一定作用。目前建一座用反渗透法进行海水淡化的水厂，投资为5000~8000元/t，成本为5~8元/t。成本偏高，需要进一步降低淡化成本，才能推广普及。淡水资源紧缺的沿海地区，要推广直接利用海水用于工业冷却、生活冲洗和环境用水。

（5）人工增雨。人工增雨是建立在云层降水形成和发展的物理变化规律基础上的一门应用科学技术，是一项有效的抗旱减灾的应急措施。现阶段人工影响天气主要致力于在适宜的地理背景和自然环境中，选择适当的云体部位进行人工催化作业，通过提高云层的降雨概率和降雨效率，取得了增雨抗旱的显著效果。我国从1958年利用飞机播散干冰进行人工降水试验，30多年来，人工增雨正从试验研究转向应用研究。

三、高效利用水资源

长期以来我国经济社会发展一直采用粗放型利用资源的模式，用水浪费严重，利用效率不高，与我国水资源短缺和匹配不合理的现实极不协调。因此，必须把节水放在突出位置，依靠科技进步和加强管理，全面推行各种节水技术和措施，发展节水型产业，建立节水型社会，提高水资源利用效率。节约用水、高效利用水资源，成为水资源持续利用的核心，是21世纪我国经济社会发展必须实施的重大战略。

（一）农业节水

目前农业用水量仍占全国总用水量的70%左右，仍是我国水资源利用的大户。农业节水总的要求是：今后我国灌溉面积增加主要通过农业节约用水实现，节水灌溉要为在农业用水总量不增加的条件下确保我国农业发展和粮食安全做出贡献。农业节水要结合我国国情，先进技术与传统技术结合，渠系节水与田间节水结合，工程措施与管理措施结合，水利工程节水与农艺技术节水结合，节水与农业产业结构调整相结合，节水与改善农业生产条件和生态环境相结合，依靠和发挥农民积极性与政府宏观扶持引导相结合，提高水的利用率和生产效率，增加农民收入。

农业节水的基本目标：农田灌溉水有效利用系数由0.45提高到0.50左右。

农业节水的基本对策：一是以节水增产为目标对灌区进行以节水为中心的灌区配套和节水技术改造，提高灌溉水的有效利用率。重点放在现有大型灌区渠道防渗、建筑物的维修、更新和田间工程配套等节水技术改造上。二是因地制宜加快发展节水灌溉工程。在节水增效示范项目和节水增产重点县的建设中，因地制宜地分别推广发展管道输水、渠道防渗、喷灌、微灌、水稻浅湿灌、改进沟畦灌、膜上灌等工程节水措施。三是平田整地，开展田间工程改造，大力推广节水农业技术，积极发展节水综合技术。

（二）工业节水

我国处于工业化发展阶段，目前工业用水已占全国总用水的20%以上，随着经济社会发展，工业用水及其用水比重将会进一步增加。

工业节水总的要求是：通过工业产业结构调整、技术水平升级以及产品的更新换代，降低用水定额，提高重复利用率。节水重点是那些用水大户及大用水行业，污染大户及大污染行业。这些行业要编制节水规划、制定节水目标和标准。

工业节水的基本目标是：重点行业是火力发电、石油及化工、造纸、冶金、纺织、建材、食品等。

工业节水的基本对策：一是调整生产力布局和产业结构，加强建设项目水资源论证和取水管理，限制缺水地区上马高耗水项目，禁止引进高耗水、重污染工业项目，以水定产，以水定发展；二是拟定行业用水定额和节水标准，对企业的用水进行目标管理和考核，促进企业技术升级、工艺改革，设备更新，逐步淘汰耗水大、技术落后的工艺设备；三是推进清洁生产战略，加快污水资源化步伐，促进污水、废水处理回用；采用新型设备和新型材料，增加循环用水量，减少取水量；四是强化企业内部用水管理，建立和完善三级（厂、车间、班组）计量体系，加强需水管理；五是有条件的沿海地区大力推广海水利用。

（三）生活节水

目前，我国城镇生活用水已占全国总用水的6%~7%。城镇生活用水供给量集中，水质要求高，水量增长快。

城镇生活节水总的要求是：在改善人民生活质量的前提下，结合城镇建设改造及城镇文明和环境建设，推动城镇节水工作的开展。大中城市是节水的重点，要编制城市生活节水规划，制定节水标准。通过强化管理，推广节水设施加强节水宣传教育和公众参与意识，使城镇生活节水工作不断地向前发展。

城镇生活节水的基本目标是：2010年，全国设市城市供水管网平均漏损率不超过15%。生活节水器具在城镇得到全面推广使用。北方缺水城市再生水利用率达到污水处理量的20%，南方沿海缺水城市达到5%~10%。

城镇生活节水的基本对策：一是实行计划用水和定额管理；二是全面推行节水型用水器具，提高生活用水节水效率；三是加快城市供水管网技术改造，降低管网漏失率；四是加大城镇生活污水处理和回用力度，在缺水地区积极推广“中水道”技术；五是逐步实现城乡水务统一管理，资源统一规划、综合利用，努力建成蓄水、供水、用水、节水、排水、清污、回用的城市节水清洁型供用水体系。

（四）节水潜力

目前，我国灌溉面积占总耕地面积42%左右，农业用水量约占全国总用水量的70%。在农业用水量中，种植业灌溉用水量又占其80%。灌溉用水的综合利用率只有40%左右，与发达国家70%～80%相比，明显偏低。因此，如果采用先进的灌溉节水技术，将全国已建灌区的灌溉水利用率在现有基础上提高10%～20%，即使农业用水总量不再增加，也可以满足农业发展用水需求。

目前，我国每万元GDP用水量是世界平均水平的4倍，是美国的8倍。全国工业用水重复利用率只有%左右（含乡镇工业），而发达国家则为75%~85%，2005年全国万元工业增加值用水量169 m³，是发达国家的5~10倍，工业废水回收利用率较低。城镇生活用水跑、冒、滴、漏现象相当严重，据分析，全国城市供水漏失率在15%以上，生活节水器具普及率也很低，因此降低工业用水定额，提高工业用水的重复利用率，以及污水处理的回用都具有较大潜力。

四、有效保护水资源

有效保护水资源是根据我国水体污染越来越严重、水环境日趋恶化、水体功能下降的现状，提出的一项治本措施。必须加强水资源的科学管理，抓紧治理水污染源，加强水源地的保护，实行在排污总量控制下达标排放，提高污水处理的回用率。同时加强法规建设，强化流域水系的有效保护和监督，加快水体的安全网的防御和建设，使水环境得到明显改善。

（一）水功能区划

科学地划分水功能区，是实现水资源合理开发、有效保护、综合治理和科学管理的极为重要的基础性工作，对经济社会发展和环境建设具有重大意义。根据我国河流特点和经济社会发展对流域水资源配置和有效保护的要求，在全国范围内以流域为单元，拟按一、二两级进行水功能区划。一级区划分为保护区、保留区、开发治理区和缓冲区；二级区划主要针对开发治理区进一步划分为：饮用水源区、工业用水区、农业用水区、渔业用水区、景观娱乐用水区、过渡区和排污控制区。全国一级保护区788个，保留区71个，缓冲区388个，开发治理区1450个。

水功能区划为水资源保护、水污染防治和水资源开发利用提供了依据。由国家颁布实施，可作为水资源开发、保护的法律依据，切实依法加强水污染防治和水资源保护，保障水资源的可持续利用，支持国民经济持续发展。

（二）水污染防治与监督

加强水污染的防治与监督，重点是加强和健全水污染和水环境的监测体系，加强水环境的执法和监督，开展全民的水资源保护教育，提高全民的水环境保护意识。充分发挥全民对污水防治的积极性。全面推行废污水向江河湖库排放的收费制度。重要的大中城市地表水水环境质量，必须达到国家规定的标准，工业企业由主要污染物达标排放转向全面达标排放，城市污水集中处理率达到45%。

主要对策：一是组织编制水污染防治规划，制订改善水质的行动计划，划分水功能区，确定污染物排放容量，实行水污染物总量控制，并分解到排污单位，实施河流水质跨地区达标管理制度；二是大力推广绿色农业，积极开展农业面源污染防治，特别是不合理使用化肥、农药、农膜和超标污灌带来的化学污染及其他面源污染，保护农村饮用水水源；三是积极推行清洁生产，加快工业污染防治从以末端治理为主向生产全过程控制的转变；四是加快城市污水处理设施和污水回用设施的建设，城市大型公共建筑和公共供水管网覆盖范围外的自备水源单位，都应建立中水系统；五是加强监督管理，依法关闭不能达标排放、恶化水环境的企业；六是强化水环境监测工作，加快水污染监测标准化建设，提高监测人员素质，建立水环境控制和监测支持系统；七是抓好重点地区和重点项目治理，巩固“三河、三湖”（淮河、海河、辽河和太湖、滇池、巢湖）水污染治理成果，启动长江上游、黄河中游和松花江流域的水污染综合治理工程。

（三）水源地保护

划定水源地保护区，按所承担的功能，确定水源地保护的管理目标，对重要水源地特别对饮用水的地表水源地和地下水源地以及泉水的水质和水量，要严格执行国家环境保护局、卫生部、建设部、水利部和地矿部联合颁布的《饮用水水源保护区污染防治管理规定》以及地方根据实际情况制定的水源地保护条例，加强保护，控制在水源保护区内进行非保护活动。水源地的设置和污染防治，应在水资源开发利用和保护规划中统筹考虑安排。建立供水水源地水质旬报制度。加强对地下水资源的保护，因地下水超采出现大范围地面沉降或海成水倒灌的城市，要划定超采区范围，向社会公布，并规划建设替代水源和实施地下水人工回灌工程。

五、科学管理水资源

20世纪80年代以来，越来越突出的水资源短缺问题，促使国际社会越来越担心可能出现世界性水危机。然而水资源与石油、煤、铁等其他自然资源不同具有可再生性。这使人们进一步认识到水资源管理成为重要问题。2007年世行组织专家对水资源问题与水管理进行调研，几乎所有国家都在不同程度上面临着水资源的问题，但各国总的表现形式和程度不同，解决途径也各不相同。各国都在努力寻求解决的方法：改变传统上部门分割管理水资源的做法，制定新的法律和制度，越来越多地采用市场手段，应用新技术。

进行科学的水资源管理，应该强调三个方面：依法管理、科学管理、民主管理。

依法管理。行政法规已经规定水资源管理要实施的有关制度，包括规划制度；总量控制与定额管理制度；水资源论证制度；取水许可制度；计划用水制度；节约用水制度；有偿使用制度；剂量收费和超量加价过程；水功能区划制度；排污总量控制制度；水源保护制度；地下水超采区管理制度。依法管理主要有六个方面法规进行完善和实施：定额指标体系的建设与完善；水资源评价技术指标体系；节水型社会建设指标体系；取用水统计指标体系；管理信息化建设技术指标体系；河流健康指标体系。

科学管理。第一是规划管理，水资源综合规划已经全面展开，完成了全国节水型社会建设规划纲要，首都水资源规划，黑河、塔河的治理规划取得成效。水源地保护规划已启动，地下水保护正在进一步实施。第二个是功能区划的管理，水功能区划和纳污总量控制，27个省、市、自治区已颁布实施。要搞好水功能区划管理，需要水管理部门共同合作。第三是加强监督管理，加快检测和计量现代化，基础数据规范。第四是目标管理。维护河湖健康，实现人水和谐，加强水生态检测与预警系统建设，建立生态用水保障机制，建立生态系统保护工程，建立生态应急补水机制，建立生态用水补偿体系，这些工作在进行。第五是精细管理，精细管理是科学管理的重要体现，包括制度体系合理化、管理行为规范化、控制方案具体、指标体系精细化、检测计量自动化。

民主管理主要是两个方面，一个是行政主体，一个是行政相对人。合理归置行政权力，保护行政相对人权益，切实保障公众参与，维护知情权，实行综合管理目标，人水和谐、区域与流域的和谐、行政主体与行政相对人的和谐、行政主体之间的和谐行政相对人之间的和谐促进和谐社会建设。行政程序要关注公示制度、复议制度；组织措施。要建立用水者协会，使得公众参与水资源管理。

科学管理是实现水资源可持续利用的基础。要坚持水资源的统一管理和依法管理，采用高新技术对水利传统行业进行技术改造和科技创新，实现对水资源的科学管理和现代化管理，提高水资源开发、利用、治理和配置、节约、保护的总体水平。

（1）实时监控。建立水资源实时监控和调度信息管理系统，应以信息技术为基础，运用各种高新技术手段，对流域或地区的水资源及相关的大量信息进行实时采集、传输及处理；以现代水资源管理理论为基础，以计算机技术为依托对流域或地区的水资源进行实时监控、优化配置和调度；以远程控制及自动化技术为依托对流域或地区的工程设施进行控制和操作，集信息监测、传输、分析和决策支持于一体。该系统以全国、流域和省（市、区）的水资源实时监控、调度信息系统的建设和提供信息源的网站建设为重点，并实现多层次系统间的通讯联网，逐步实现水资源管理工作的现代化。

（2）强化监督。按照流域水量分配方案、水资源调度预案和供水计划，严格管理，监督实施，控制水资源浪费现象；用水审计，加强水行政执法和监察，及时协调水事矛盾，处理水事纠纷，查处水事违法案件，保障水利建设有序进行。

实行流域水行政执法监督审计制度，建立用水和节水的评估制度。尽快建立起符合我国国情的、科学的城市供水、节水和水污染防治法律法规体系。建立流域水资源配置管理和水量调度实时监控系统、城市供水水质监测网络系统，加强对江河特别是省级控制断面以及用水大户的水量、水质和排水等监测工作，为流域水资源监督管理提供依据和条件。

六、建立水资源可持续利用的长效机制

（一）健全法规和标准体系

健全法规体系，制定有关标准和规程规范，为水资源的科学管理提供强有力的支撑。

（1）水法制建设。在全国人大常委会2002年通过的《中华人民共和国水法》以及2006国务院通过的《取水许可和水资源费征收管理条例》基础上，抓紧制定《水利工程供水价格管理办法》，完善流域或区域水权分配、水资源配置方案等法规、规章；抓紧《建设项目水资源论证管理办法》《洪水影响评价报告制度实施办法》《规划同意书制度实施办法》等《中华人民共和国国家防洪法》的配套法规的建设，完善水法规体系。根据各大江大河的具体情况研究制定流域法规，抓紧制定《黄河法》《江河流域管理法》《黑河流域管理条例》等，从法律上确定流域管理机构对流域水资源管理的地位和作用。

（2）水资源政策。水资源有效管理政策包括地表水与地下水、水量与水质水的保护和有效利用、水的分配和统一调度，以及各用水部门与用水户的有效管理等。改进水资源管理必须从观念、技术、经济、社会、卫生、环境、立法等方面入手，并制定相应的投入和经济政策。完善水资源的有偿使用、有偿占用、有偿转让和保护水环境的有关经济政策，完善水资源费的征收。保护水环境的政策包括：制定污水排放管理和补偿收费，根据不同类型和等级确定允许排放污水的不同收费标准，统一规划排放设施和计量设备，按量计收；对超标和产生严重危害的污废水坚持不允许排放，对整改无望的污染源要充分利用法律、行政和经济手段实行关、停、并、转，吊销其取水许可和污水排放许可；通过优惠政策和经济上的扶持，鼓励节水型技术的研究及推广，鼓励和倡导废污水的循环利用和处理回用。

（3）技术经济标准、规范。规程规范和技术标准是水利规划设计和工程建设的基础和依据，也是依法行政、科学治水等一切水事活动的支撑，它不仅体现了水利建设技术经济的科学化、规范化的程度，同时也反映了国家的总体发展水平。一个好的规范规程和技术标准有助于加强工程管理和水资源管理，因此，要按照建立水利技术标准体系的规定和编制水利规程规范的要求，加强水利标准化和规范规程工作，制定好水资源配置、工程建设和管理的技术经济标准和规程规范，制定缺水、节水等技术经济标准，利用技术经济标准促进水资源的开发、利用、治理和节约、保护、配置，促进水资源的高效利用、有效保护和持续利用。

（二）严格执行法律法规

按照依法治国、依法行政的要求，全面加强依法行政工作，按照高效、公正廉洁的要求，加强水行政执法队伍建设，强化执法手段，完善监督机制，大力推进依法行政，依法治水，依法管水。加强水政监察队伍的建设，提高水政监察人员素质和监督执法水平，加大执法力度，保证水行政执法的公开、公正与规范化。

（三）完善管理体制

实现水资源的可持续利用，必须对天然水循环系统加以保护，提高用水效率，减少人工循环通量，达到二者的协调。水资源管理体制是实现这一目标的纽带和重要手段。因此必须强化法制管理和有效监督，建立合理的水资源管理体制。

现行的管理体制存在部门分割、地区分割、多龙管水的弊端，难以按照全面规划、综合开发、高效利用的要求开发利用水资源，必须理顺现有水资源管理体制，以流域为单元，建立权威、高效、协调的流域水资源统一管理体制，实行流域管理与行政区域管理相结合的管理运行机制。

对水资源和水能资源进行统一规划、统一调度、统一管理；以城市为重点完善区域水资源统一管理体制，对城乡防洪、排涝、蓄水、供水、用水、节水、水能开发、污水处理及再利用、地下水回灌等涉水事物实行统一管理。通过厉行节约，全方位推广节水措施，农业推广节水灌溉，城市改造供水管网和设备，采取经济、行政、技术等综合措施，加强水资源统一管理，提高水资源利用效率。水资源保护也应从目前的以监管和治理为主的被动管理，逐步走向从污染的源头抓起，抓紧治理污染源，预防和治理结合，以防为主的长效管理。深化水利工程管理单位体制改革，实现工程管理的良性运行，充分发挥现有水利工程的作用和效益。进行水权理论的研究和实践，按照市场经济要求进行水价、电价改革，建立合理的水价形成机制，实行水资源有偿使用，用经济杠杆促进水资源可持续利用。

（四）加强监督管理

实行流域水行政执法监督审计制度，建立用水和节水的评估制度。尽快建立符合我国国情的、科学的城市供水、节水和水污染防治法律法规体系。建立流域水资源配置管理和水量调度实时监控系统、城市供水水质监测网络系统，加强对江河特别是省级控制断面以及用水大户的水量、水质和排水监测工作，为流域监督管理提供依据和条件。

（五）健全社会监督机制

社会监督与制约机制是约束公共权力规范运转的核心机制。实现水资源可持续利用，既要重视水资源工程的建设、管理和运行，又要特别重视水资源的社会管理和公共服务，逐步建立起水资源管理事务中的社会监督和社会评价机制，赋予群众更多的知情权、参与权、监督权，推进社会管理的公平、公正、公开。

（六）推动科技进步

现代水利科技和水利信息化发展，以及新材料、新工艺和新方法等方面取得的较大进步，将推进传统水利向现代水利、向可持续发展水利转变。因此有必要推动科技进步，以加快实现水资源可持续利用。

（1）加强科学研究。探索面向可持续发展的水资源规划理论及管理办法，加强灌溉技术与农业技术，西部大开发中水资源的可持续利用及生态环境建设问题，南水北调工程中的关键技术问题，工程管理和施工中重大技术与装备等研究。开展水污染成因分析及其对策研究。

（2）提高水资源开发利用效率。节约用水和科学用水，关键是研究推广节水新技术，建设节水高效农业，提高农业的用水效率。通过推行工业的清洁生产，降低工业用水量，以节约水资源，减少废水排放量，消减污染负荷。提高用水效率，包括污水资源化、微咸水和海水的利用，进行海水资源开发利用研究和实践，在充分吸收国内外经验的基础上，设计和建设适宜于我国具体情况的海水淡化系统。

（3）提高水资源管理水平。应用现代管理科学和先进管理技术与设备，提高水资源管理水平，促进水资源高效利用和持续利用。把水资源管理作为一门科学，重视管理人才的引进与培养，开拓水利管理用人领域，特别重视引进技术经济和管理方面的人才充实水资源管理队伍，用新知识、新技术和新思想武装水资源管理人员，努力培养造就大批高素质的水利管理队伍。充分利用先进的计算机网络和信息技术，建立现代化的水资源实时监控、优化配置管理信息系统，形成高效采集、处理各种数据的管理平台，使水资源的配置和管理满足先进生产力的发展要求。加强水资源管理科学和提高管理水平的研究工作，提高水资源预测、预报和需水预测水平，提高水资源管理调度自动化程度，以及水资源规划和水工程规划设计与建设水平，充分发挥水工程的效益；加强水资源技术经济和管理规章研究，建立水资源高效利用的管理模式和制度。

（4）进行水资源价值量的研究。水资源既是物质资源，又是环境资源，具有不可替代性。水市场存在明显的区域性，通过水利工程提供给人类使用的水具有商品属性，能满足人类的需求，水是可交易的，但是它需要通过渠道、水管输送，交易的范围非常有限，具有明显的地域性。水资源是一种多功能的资源，水资源价值大小要根据其功能情况来确定。天然水经过工程措施被人们所利用，必然要发生三个经济财务过程，一是偿还银行贷款和支付利息；二是运营成本、利润和纳税；三是投资者的收益，即资本金回报率。这就必然涉及产权问题。

水价不应单纯理解为修建工程和维护工程需要的收费，而是水资源优化配置的一种手段，加强水资源统一管理和宏观调控的措施。水价由三个部分组成，即资源水价、工程水价和环境水价。其中，资源水价是水价组成中最重要、最活跃的部分。构成水价的这三部分将来并不一定都进入商品水价，有的可以用税的办法，有的可以用费的方法，有的可以用附加费用的办法来解决。

（5）加强国际间交流与合作。随着我国水资源建设和管理进一步完善，新技术、新材料、新工艺、新管理方法的不断引进，我国水利建设将面临国际和国内市场的激烈竞争。在此背景下，我国水利建设要充分发挥国内广大专家和工程技术人员的作用，注意吸收和借鉴国际上的先进技术、先进经验，不断提高水利设施建设的技术和管理水平，更好地加强国际交流与合作。

第五章　城市水资源开发利用

第一节　城市水资源概述

一、城市水资源的概念

20 世纪 70 年代后期以来，社会经济快速发展，水的自然循环规律也发生着变化，使水资源的开发利用出现了新的问题，主要表现在以下三方面。

（1）水资源量严重不足。随着社会的发展、人口不断增加及城市化进程的加快，城市需水量逐渐增加。由于温室气体排放增多，温室效应加剧，一些水利设施的不合理设置和运行，导致一些地区降水量显著减少，河流断流。城市化进程中路面覆盖面增大，降水入渗小，使城市内的地下水得不到有效的补充。这种水的自然循环规律的变化引起城市内水资源量有逐年减少的趋势。在社会因素和自然因素的共同影响下，城市周围的水资源量逐渐不能满足城市生产和生活的需求。

（2）水资源污染日趋严重，水质不断恶化。一方面，工农业生产和人民生活过程中排放出大量的“三废”物质使当地的水源遭受严重污染，导致城市周围的水资源功能下降。为保持供水量，必须增加水处理设施，从而增大了供水成本。当水体功能从技术和经济方面考虑已不能满足城市的供水要求时，水资源量减少，此即形成所谓水资源的水质性减少。另一方面，由于水资源的循环和污染物的扩散性能，城市附近原来未被利用的水资源也会遭受不同程度的污染，使本来就具有的水资源供需矛盾更加尖锐，给城市经济和环境带来极大的不利影响，严重地制约着社会经济的可持续发展。

（3）水资源开发利用过程中带来了一系列环境问题。水资源供需矛盾导致一些地区无序地开采地下水，地下水漏斗逐年扩大，从而出现了如区域地下水位持续下降、地面沉降、地下水硬度上升等严重的环境地质问题。一些具有多层含水层的地下水由于井的施工质量低劣，特别是管外封堵不严密，在大降深的情况下形成上层污染水污染下层水的状况；傍河取水水源地由于降深增大可使被污染的地表水加快污染地下水；沿海地区由于地下水严重超采，出现了海水倒灌现象。这些问题直接导致区域供水目的层地下水的水质性减少。

城市附近的地表水体实际上成为居民生活和工业污废水的受纳水体。由于缺乏有效地规划与监管，城市与工业使用后的水不达标排放，或者污染总量超过环境容量，地表水的水质日趋恶化。多数城市与工业基地附近地表水的水质指标远大于《地面水环境质量标准》（GB 3838—2002）的Ⅴ类标准值，俗称“劣Ⅴ类”水体，完全失去了正常的使用功能。

城市发展遇到了水资源的制约，迫使政府多渠道解决水资源的供需矛盾问题，同时也引起了国家对水资源管理行政的调整和优化。同时水资源的属性及与城市的关系问题也越来越引起研究者的重视，随着最大程度地利用传统意义的水资源，并多渠道开源以满足城市需水量的研究不断深入，产生了“城市水资源”的提法。

城市附近的地表水和地下水资源不能满足城市的需求，迫使城市供水水源地由城区向郊外扩展，甚至出现了跨地区、跨流域调水工程。通过水价的经济杠杆作用和节水工作的推进，企业的水循环利用率不断提高，生产废水有条件地循环使用。随着环境保护工作力度加大，水和废水处理技术水平的不断提高，污废水通过有效处理后水质可以达到特定用户的用水要求，也成为城市与工业可利用的水量。一些严重缺水地区，不得不利用高盐度、高氯化物、高硫酸盐、高硫化氢等低质水处理后作为生产用水。随着城市供用水矛盾的不断加剧，规划和设计部门转变理念，推行分质用水，特别是推行利用中水和当地雨水进行浇洒绿化，小区内则推行利用建筑中水。沿海地区不断加大了海水利用率，海水淡化利用量逐年增加。这些用水的变化，大大扩展了水资源的内涵，也促进了相关水处理和利用技术的不断进步。因此，城市水资源可理解为一切可为城市生活和生产活动所用的水源，其范畴包括城市及其周围的地表水和地下水、被调来的外来水源、海水、城市雨水、生活与工业再生水、建筑中水、低质水，以及污（废）水等。

二、城市水资源的类型

从城市水资源的概念可以看出，城市水资源包含空间、属性和使用功能三方面的类型。从空间角度可分为本地水资源和区外水资源，从属性方面可分为地下水、地表水、城市雨水、建筑中水、低质水、再生水、污（废）水等。从满足城市集中式供水水源水量要求角度考虑，城市水资源的主要类型可归纳为地下水、地表水、低质水及再生水等四种。

（一）地下水

地下水是储存并运动于岩层空隙中的水。根据其埋藏条件可将其分为上层滞水、潜水和承压水三种类型；根据含水层的岩性不同，可将其分为松散岩类孔隙水、基岩裂隙水和岩溶水三种类型；根据其所在含水层的深度，可分为浅层水、中层水和深层水。

上述地下水的诸多类型是基于不同的研究角度而划分的，它们之间具有一定的联系，如储存于松散岩类含水层中的水有上层滞水、潜水或承压水，同时，这种水所在的含水层埋藏深度不同时，又有浅层水、中层水或深层水之分。为叙述方便，下面分别加以说明。

1. 上层滞水

地面以下一定深度会有连续的地下水面，地下水面以上至地面部分称为包气带，地下水面以下部分称为饱水带。饱水带中的岩层按其给出与透过水的能力，划分为含水层和隔水层。能够给出并透过相当数量水的岩层称为含水层；不能给出并透过水，或者能给出或透过很少水的岩层称为隔水层。

上层滞水是赋存于包气带中局部隔水层上面的重力水。如在较厚的砂层或砂砾石层中夹有黏土或亚黏土透镜体时，降水或其他方式补给的地下水向下渗透过程中，受透镜体的阻挡而滞留和聚集便形成了上层滞水。

上层滞水完全靠大气降水或地表水体直接渗入补给，水量受季节控制显著。当透镜体分布较广时，可作为小型水源。但由于水从地表补给上层滞水的途径很短，要特别注意其污染防护。

2. 潜水

潜水是饱水带中第一个具有自由水面的含水层中的重力水。潜水没有隔水顶板，或只有局部的隔水顶板。其自由水面称为潜水面，潜水面至地面的距离称为潜水位埋藏深度，潜水面至隔水底板的距离为潜水含水层的厚度。潜水面上任一点距基准面的绝对标高称为潜水位，或称潜水位标高。

由于潜水面之上一般不存在或无稳定的隔水层，因而潜水在其全部的分布范围内均可直接接受通过包气带中水的补给。当与地表水或相邻承压含水层有水力联系时，也接受这些水的补给。天然状态下，重力作用使水由高地向低处径流，以泉或渗流排向下游，有条件时排出地表形成沼泽，或流入地表水体。

潜水可直接接受大气降水、地表水等补给，含水层厚度较大，渗透性较好时，富水性较大。它易于得到补充和恢复，因而是非常好的供水水源。但因其易受到污染，所以选用时要特别注意水源的保护。

3. 承压水

承压水是充满于两个相邻隔水层之间的地下水。相邻隔水顶板和隔水底板之间的距离为含水层厚度。当隔水顶板被揭穿时，地下水在静水压力作用下，上升到含水层顶板以上某高度，该高度为承压水头，井中静止水位的高程为该点的测压水位。测压水位高于地面时，钻孔能够自喷出水，形成自流水。

承压水受隔水顶板的限制，与大气降水、地表水的联系较弱，因而气候、水文因素对其影响较小。天然条件下，主要通过含水层出露地表的补给区获得补给，并通过范围十分有限的排泄区排泄，有时也可通过上下相邻的含水层得到越流补给或排泄。所以它不像潜水那样具有一致的补给区的排泄区，而是补给区与排泄区明显不一，有的相距十分遥远。

由于承压水特殊的埋藏条件，使其不像潜水那样容易得到补充和恢复，但当含水层厚度较大时，往往具有良好的多年调节性能。

水力循环缓慢时，承压含水层中可保留年代很古老的水，甚至保留与沉积物同期形成的水。可见承压水的水质差异很大。一般承压水补给、径流条件愈好，水质就愈接近于入渗的大气水或地表水。补给、径流条件愈差，水与含水岩层接触时间愈长，从岩层中溶解的盐类就愈多，水的含盐量就愈高。

承压水一般不易就地受到污染，但其补给区实际上具有潜水含水层的性质，易受污染，因此在开发利用承压水时，将其补给区作为水源污染防护的重点区域之一。另外，水流循环缓慢的承压含水层一旦被污染后很难使其净化，因此，一定要加强对其污染的防护。

4. 松散岩类孔隙水含

水层为松散沉积物，含水层岩性为砂、砾石。随着沉积物的类型、地质构造、地貌形态以及所处的地形部位等不同，孔隙水的分布、富水性以及补给、径流和排泄均有差异。

（1）洪积物中孔隙水

洪积物中的地下水常分布于山脉与平原的交接部位，或山间盆地的周缘的松散洪积扇中。地下水的特征具有明显的分带性。洪积扇上部，颗粒粗大，给水度大，渗透性良好，十分有利于吸收降水及由山区汇积的地表径流，此带为补给区，水量最为丰富，水质优良，但水位埋藏较深。洪积扇中部，地形变缓，颗粒变细，渗透性变差。靠近中下部时，地下径流受阻，常形成壅水，地下水位变浅，在适宜的条件下以泉或沼泽的形式出露于地表，此即洪积扇的前缘。洪积扇下部，即没入平原地带，水位埋深又加大，岩性进一步变细，渗透性明显减小，富水性减弱。

（2）冲积物中孔隙水

冲积物中的地下水常由河流发育有关，其分布、补给、径流、排泄及水质均与其沉积物所在的部位相关。现代河流沉积物中的地下水常与河水发生水力联系，在河流补给有充分保证，而水质又不影响地下水水质的情况下，傍河取水往往是较为理想的取水方式。

（3）湖积物孔隙水

湖积物中的地下水常与河流冲积物相类似，但其沉积物能否构成含水层与沉积物粒度成分有关，完全取决于沉积当时的环境条件。只有对沉积环境做出正确的分析，才能对含水层的性质与分布范围做出正确的判断。当含水层与现代湖泊有水力联系时，无论有无其他补给源，湖水量是含水层可利用水量的最终保证。

（4）滨海三角洲中孔隙水

滨海三角洲常形成渗透性良好的含水层，但地下水一般为半咸水，在海潮涨落幅度较大而地形坡度较小的地区，半咸水的分布更广，这种水不能直接用于供水。在三角洲沉积高于地表或海平面达一定高度时，入渗的大气降水可将部分咸水淡化，在含水层中形成咸淡水分界面。在开发此类地下水时，要注意防止由于淡水水位降低而引起的海水倒灌现象发生。

5. 基岩裂隙水

裂隙水是指储存和运移于坚硬岩石裂隙中的水。水的运动受裂隙方向及其连通程度的限制。不同的岩石受到不同的应力作用产生不同的裂隙。根据岩石中裂隙发育的种类可将裂隙水分为成岩裂隙水、风化裂隙水和构造裂隙水三种类型。

（1）成岩裂隙水

成岩裂隙是在岩石成岩过程中受到内部应力作用而产生的原生裂隙。具有成岩裂隙的岩层出露地表时，常赋存裂隙潜水。具有成岩裂隙的岩体为后期地层所覆盖时，也可构成承压含水层。

不同的岩石裂隙发育不同，导致富水性也有所不同。如岩浆岩中成岩裂隙水较为发育；深成岩中成岩裂隙张开性差、密度小，后期构造裂隙在此基础上进一步发育时，才能构成较好的含水层，往往具有脉状裂隙水的特征；玄武岩经常发育柱状节理及层面节理，裂隙均匀密集、张开性好、贯穿连通，常形成储水丰富、导水畅通的潜水含水层。补给条件较好时，水量丰富，可作为中型甚至大型供水水源。

此外，岩脉及侵入岩体接触带成岩裂隙特别发育（受后期构造作用时，可发育成构造裂隙），其产状大多近于直立或急倾斜的，在周围相对隔水的岩层中，常构成成岩裂隙承压水，但一般规模比较有限，水量不大。

（2）风化裂隙水

各种成因的岩石，脱离原有成岩环境，暴露于地表，在温度变化和水、空气、生物等各种风化营力作用下，遭到破坏，形成风化裂隙。它们常在成岩裂隙和构造裂隙的基础上，经由物理、化学和生物的风化作用而形成。由于风化营力在地表最为活跃，故岩石的风化裂隙随深度加大而减弱，一般在数米到数十米深度内，形成均匀、密集、相互连通的网状风化裂隙带，仅在局部沿着构造断裂带发育，可以深入地下相当深处。

风化裂隙一般发育比较密集均匀，有一定张开性，赋存于其中的水通常相互沟通，具有统一的水位。被风化的岩石构成含水层，下部一定深度未被风化的基岩构成隔水底板，形成潜水。

由于风化带呈壳状包裹于基岩表面，厚度有限，又常受到冲刷和切割，故风化壳常呈不连续分布。因此，风化裂隙含水层的厚度与规模一般不大，补给范围有限，可作为小型分散的供水水源。

（3）构造裂隙水

构造裂隙是岩石在构造运动过程中受到应力作用而产生的裂隙。构造裂隙的发育受岩石性质、边界条件和应力强度及分布等因素的综合控制，因此，裂隙发育一般极不均匀。

根据形成构造裂隙时应力分布及强度性情况可将其分为脉状构造裂隙、层状构造裂隙和断层三种基本形式。

脉状构造裂隙是在应力分布相当不均匀，且强度有限时形成的。岩体中张开性构造裂隙分布不连续，互不沟通。形成若干互不联系的含水裂隙系统，没有统一的水位。规模大的含水裂隙系统补给范围大，水量充足，可形成较大的水源地。如果该系统与地表水或其他含水层相连通，则更是良好的供水水源。规模小的含水裂隙系统补给有限，井孔揭露时初期水压很大，但不久水位骤然下降，水量也急剧减少，一般不能作为集中供水水源。

层状构造裂隙在应力分布较为均匀且强度足够时形成。岩体中形成比较密集均匀且相互连通的张开性构造裂隙。层状构造裂隙水常具有统一的水位，可以是潜水，也可以是承压水。形成承压水时，往往是柔性的脆性岩层互层，前者构成具有闭合裂隙的隔水层，后者形成张开裂隙构成含水层。补给条件良好时，层状含水层中常可开采相当数量的地下水。

断层是在强大的构造应力作用下形成的，常穿越岩性与时代不同的多个岩层。断层的规模大小悬殊，大断层可延伸数百公里，断层带的宽度可达数百米，深达数公里。

具有水文地质意义的断层类型有张性断层、压性断层和扭性断层。张性断裂由张应力产生，多为正断层，断层带以疏松的角砾岩为主，透水性好，但断层带旁侧的裂隙并不发育。压性断层由于强大的压力形成，常使岩层极度破碎压密，甚至产生片岩化。因此，破碎带本身往往是隔水的，但破碎带两侧裂隙较发育，尤其是断层上盘的岩石，其透水性往往比破碎带中心部分还好。扭性断层延伸远，随两盘岩性及应力强度的不同，断层破碎带分布角砾岩、糜棱岩等，断层旁侧裂隙发育，或有分支断层。

断层是局部性构造裂隙，根据其通水能力又可分为导水断层和阻水断层。导水断层是特殊的水文地质体。断层破碎带及其旁侧裂隙强烈发育部分，构成一个统一的储水空间，可以看作急倾斜的层状含水体。导水断层不仅是储水空间，同时还是集水廊道与导水通道，往往能提供较大的水量，但从局部看其性质与层状裂隙水相近。从整体上看，分布较为局限，与脉状裂隙水又有相似之处。因此，可把它看作一种独立类型的裂隙水——带状裂隙水。阻水断层常由压性断层构成，特别当其发育于柔性岩层中时，通常不透水或透水性极弱。阻水断层将原来统一的含水层切割分离，形成互不连通的块段。受阻的地下水水位抬高，常使地下水滞流汇水。

6. 岩溶水

岩溶水是赋存和运移于岩溶化地层中的地下水。溶穴是岩溶水的储存和运移场所。溶穴是由岩石被溶蚀后而产生的。可溶岩石和具侵蚀性的水流是岩溶发育的基本条件，而水的流动是岩溶发育的必要条件。可溶岩石在化学溶解及随之产生的机械破坏作用，以及化学沉淀和机械沉积作用下形成典型的岩溶地貌景观，在地表有石林、孤峰、落水洞、波立谷等，在地下则形成溶孔、溶洞、暗河等。

可溶岩包括卤化物类岩石，如食盐、钾盐、镁盐等；硫酸盐类岩石，如石膏；碳酸盐类岩石，如石灰岩、白云岩、大理岩等。其中碳酸盐类岩石分布最广，因此，通常所说的岩溶主要指发育于该类岩石中的岩溶作用与现象。

水在可溶岩中运动时进行差异性溶蚀，使岩层中原有孔隙和裂隙扩展，因此岩溶水的分布比裂隙水更不均匀。岩溶水主要赋存于以主要岩溶通道为中心的岩溶系统中，并未形成统一的含水层。

岩溶水在大的洞穴中呈现无压水流，有时甚至形成地下湖，而在较小的管路与裂隙中，则形成有压水流。因此，在同一岩溶含水体中，无压水流和有压水流并存。有压水流在尺寸变化的同一岩溶通道中流动时，断面大的地段流速变慢，断面小的地段流速变大。由于速度水头的变化，致使同一岩溶水体呈现不同的水位。

岩溶含水层水量往往比较丰富，常可作为大型供水水源。我国北方地区的许多城市利用岩溶水作为城市供水水源，但有些地区岩溶水位埋深较大，凿井深度较大，工程投资及运行费用也较高。在地质条件适宜的情况下，岩溶水出露地表，形成岩溶泉。当岩溶分布较广，补给充分时，这些泉的流量稳定，水量较大，水质较好时为理想的城市供水水源。

7. 浅层水、中层水和深层水

在人们的习惯中，浅层水、中层水和深层水总是从地下水位或井的深度来划分。这样会形成许多错误的认识。如深埋的承压含水层，其隔水顶板未被水井揭穿时，该层的水位并不能被测得，这时认为该水是深层水。但当其隔水顶板被穿透时，在水压的作用下，井中水位很快上升到一定高度，有的甚至会高出地面而形成自流水，此时，若按水位划分，认为该水为浅层水。这样，处于同一层位的水就被命名为两种不同的水，显然是不合理的。

从井的深度划分也不合理。如埋深较浅，且含水层厚度较大的潜水，可能很浅的井便可测得潜水位，并能取得一定的水量，此时认为该水为浅层水。继续向下钻进，只要不揭穿该潜水的隔水底板，该井中的地下水位就无任何变化。但按井深划分时，此时又认为是深层水。这显然是矛盾的。

浅层水、中层水和深层水应按含水层的埋藏深度而划分。这样既反映出地下水的埋藏特征，又可结合井的深度，因为当含水层埋深较大时，井深必须达到该含水层所在的深度时才能取得该层地下水，实现了含水层埋深与井深的统一。

目前，浅层水、中层水和深层水的具体划分界线也较为模糊。按含水层的埋藏深度划分时，一般以地面以下第一层稳定连续的隔水层为界，以上划分为浅层水，以下划分为中、深层水。划分中、深层水的界限时首先要考虑第二个稳定连续的隔水层，第一、第二个稳定隔水层之间的水为中层水，第二个稳定隔水层以下的水称为深层水。当第一稳定隔水层下具有多个稳定连续的隔水层时，要考虑结合当地较深开采井的平均深度，有时还应参考目前技术条件下凿井设备的经济施工深度而定。

（二）地表水

地表水是指存在于地壳表面，暴露于大气的水。从其储存和运移场所角度考虑，地表水又分为陆地地表水和海水两种类型。陆地地表水以其自然属性可分为河流、冰川、湖泊、沼泽水四种水体，以其功能和属性又包括河水、湖泊和水库水等。陆地地表水直接接受大气降水和冰川融水的补给，水流交替活跃，其水量和径流特征具有明显的地域特征。

与地下水相比，地表水源水量较为充沛，分布较为广泛，因此，许多城市利用地表水作为供水水源。

1. 河水

中国大小河流总长度约 42×10^4 km，流域面积在 100 km² 以上的河流约 5 万多条，河川径流总量 27 115 × 10^8 m^3。

河流是地球上最活跃的水体。它不仅拥有丰富的水量，而且蕴藏着巨大的能量，同时又是许多生物赖以生存的场所。因此，自古以来河流就是人类主要的生存基础。

河流的主要形态指标有河源、河口、河段、河长、河宽、河床等，主要特征指标有河流的水位、流量、流速及含沙量等。

（1）河流的形态

在水流、河床、地形条件及泥沙运动的共同作用下，河流的形态常发生变化。从山区至山前平原，河谷由“V”形向“U”形转变，特别是在上游地区，往往形成深切的“V”形谷，两岸十分陡峭，水流速度很快。中游地区地形坡度相对平缓，水流较为平缓，河谷变宽，形成“U”形河谷。下游地处平原区，地形开阔，地势变缓，水的动力明显减弱，从而形成较为开阔的河道。由于洪水反复作用，水动力变化，平原河流也常常形成复杂的河谷形态。

平原河流按平面形态与演变特点分为顺直微弯型河段、弯曲型河段、分汊河段、游荡性河段等几种类型。

顺直微弯型河段中河床较为顺直或略有弯曲，河岸的可动性小于河床的可动性。这类河段多位于比较狭窄顺直的河谷，或河岸不易冲刷的宽广河谷中。当沙波在推移过程中受到岸的阻碍时，其一端与岸相接，另一端伸向河心，形成沙嘴。在沙嘴处泥沙淤积，形成边滩。边滩束缩水流，使对岸河床冲刷，形成深槽。最终形成边滩与深槽犬牙交错形状的河床形态。

弯曲型河段河床蜿蜒曲折，河岸可动性大于河床可动性，易在两岸发展河弯，使河床变形。在弯曲型河段中，由于横向环流作用，使凹岸不断冲刷、崩退，凸岸不断淤积、延伸，结果使河弯更加弯曲。当两个弯道靠近时，洪水期水流往往可冲决河岸，最终使两个弯道相通形成直段，即所谓的“河流的截弯取直”，弯曲部分往往形成牛轭湖。

分汊河段的河道呈宽窄相间的莲藕状，宽段河槽中常有江心洲，河道分成两股或多股汊道。分汊河道的汊道经常处于缓慢发生、发展和衰退的过程中。

游荡性河段形成是由于河岸与河床的可动性都较大，在水流作用下河段迅速展宽变浅，形成大量沙滩，使水流分汊。

（2）河流的水文特征

①河流的补给

河流主要由雨水补给，因此河流水量与流域的降雨量在时程上密切相关，由于各流域雨量随季节变化，河流的径流量随之发生很大的变化。此外，同样的雨量，由于下垫面条件的不同，其形成河川径流的量也不同。

河流的补给除雨水补给外，还有雨雪混合补给、冰川补给及人工补给等几种补给源。雨雪混合补给的河流除具有雨水补给的特点外，每年冬末春初，气温逐渐升高时，流域坡面上的积雪开始融化，河流水量也逐渐增加，当融雪水量较多时还会形成桃汛。冰川补给是当冰川运动到气温大于 0 ℃的地点融化成水后经过各种途径补给河流。冰川补给的河流与融雪水补给的河流具有相似的水文特点，但前者的水文特征比后者更有规律。人工补给是通过工程将客水引入河流的补给方式，它对于维持区域水资源平衡，实现水资源的合理调配和高效利用具有重要作用。此外，工农业废水和生活污水也是不可忽视的人工补给源，但水质未达标的污水排入受纳河流常引起严重的水污染。

河流的补给方式有地面补给和地下补给两种。地面补给包括地表坡面汇流和直接降落到河面的雨水。这类补给因受气象因素及下垫面因素的影响较显著，汇流历时短，变化情况较复杂，河流的流量有可能在短时间内有较大的变幅。地下补给是当河流切割含水层后，河水与地下水产生水力联系，当地下水水位高于河水位时，通过地下径流的方式将地下水从含水层中流入河流的补给方式。该补给是枯水季节河水水量的主要来源。

②径流的变化特征

由于气候在年内和年际常发生变化，因此河川的径流在年内和年际也有明显的变化。如在年内由于季节的不同，河川径流表现出洪水和枯水季节的不同径流特征。

径流的年内变化表现为一年中各段时间内径流量不同。洪水期内，当遭遇暴雨后，大量地面径流注入河槽，河流水量猛增，水位猛涨，引起断面流量迅速增加，这便形成洪水。在枯水季节，由于降雨很少，地面径流很少补给河流，河槽中流动的河水主要由地下水补给，当地下水补给量很少，甚至无补给时，河槽内便会产生断流。

③河流冰情

当气温低于 0 ℃时，河槽中会出现流冰，有的甚至产生封冻现象。冰冻现象可造成河道堵塞，影响取水工程设施的正常运行。

④泥沙

河川径流形成过程中，由于水流对土壤的侵蚀、河槽的冲刷及泥石流等作用，河水中会有大量的泥沙。含沙的水流推动了河床的演变，同时影响着水流的流态。更重要的是引起河水水质的变化，影响了河水的取用，增大了供水的成本。

2. 湖泊和水库水

（1）湖泊的特征

中国湖泊总面积约 8×10^4 k㎡，其中面积在 1000 k㎡以上的有 11 个，面积在 1 k㎡以上的湖有 2800 余个。这些天然湖泊以青藏高原和长江中下游平原最为集中。

湖泊是由于局部地区地层下陷，或谷岸的崩塌形成洼地，得到降水或地下水补给时蓄水而成。湖泊的发展一般经历少年期、壮年期、老年期和消亡期。少年期保持形成湖泊盆地的原有形态，虽有沉淀发生，但对湖盆尚无显著影响。壮年期沿湖有岸滩形成，在河流注入处出现泥沙沉积的三角洲。老年期湖内浅滩到处扩展，整个湖盆形成平缓均一的盆地，四周围绕着三角洲及散布的沿岸浅滩。消亡期湖边水生植物随着湖盆的淤浅而逐渐向湖中扩展，沉水的植物可能逐渐被挺水植物所代替，湖面变为沼泽或经人工围垦成为耕地。

湖泊按其起源分为坝造湖、盆地湖（包括侵蚀湖、火山湖、构造湖、冰川湖、堆积湖和潟湖）、混合湖；按泄水条件分为内陆湖、外流湖；按湖水成分分为淡水湖、微咸湖和咸水湖。

湖泊的水源与河流相同，有地表水和地下水。湖水量变化和水面状态变化均会引起湖水水位的变化。前者与水量平衡要素的变化有关，水位涨落的范围较大，而后者由于湖面上风的作用及气压的变化，引起水位涨落的范围则较小。

在诸多湖水量平衡要素中，流入湖泊的地面径流量是引起湖水量与水位变化的主要因素。这种径流变化决定于水源的种类。如以降水为水源的，则湖泊水位夏秋高涨，冬季降落；如以融雪水为水源，则春季略有上涨；如以冰川为水源的，则冬季水位最低，七、八月间水位最高；如以地下水为水源的，则一般对湖泊水位的影响不大。此外，水位还受风浪、温度、潮汐影响而有一日的涨落变化；受年际径流量的变化而表现为年际的周期性规律；还受地质因素的影响，如湖盆升降引起水位的多年变化，喀斯特湖盆也会引起水位的突然变化。

（2）水库的特征

水库是人工修建的湖泊。按其形态分为湖泊型水库和河床型水库。湖泊型水库淹没的河谷具有湖泊的形态和相似的水文特征。河床型水库淹没的河谷较为狭窄，仍保持河流的某些形态和水文特征。

水库由挡水坝、溢洪道、泄水闸、引水洞等构筑物组成，它的主要作用是对天然径流进行调节。在洪水期拦蓄洪水、削减下游的洪峰流量；在枯水期可按用水要求，利用蓄水以补天然不足。

水库的库容由有效库容、防洪库容和死库容三部分组成。有效库容也称为兴利库容，即储存供水所需的库容，这部分水量在枯水期弥补天然河流流量的不足。

相应的水位称为正常挡水位或正常蓄水位。防洪库容是用以滞留洪水的库容。常与有效库容重叠以降低挡水坝的高度。防洪库容应在洪水到来之前放空，以便对洪水起滞留作用。放水时当水库水位下降至正常挡水位时，要关闭溢洪道顶闸门，保证水库调蓄的正常运行。放空后的水位称为汛期前限制水位，或称防洪限制水位。若溢洪道顶高程为正常挡水位，则防洪库容与有效库容分开，水库水位高于溢洪道顶高程即正常挡水位时，多余齐水即从溢洪道下泄，防洪库容单纯起滞留洪水的作用。死库容为设计最低水位以下部分的水库库容。相应水位称为死水位。死库容及死水位的确定与灌溉、发电等方案需要有关，还兼有淤沙作用。

当发生设计洪水时，为削减洪峰流量、滞留洪水量所达到的最高水位，称为设计洪水位，当发生校核洪水时，滞留校核洪水所达到的最高水位，称为校核洪水位。

3. 海水

我国近海包括渤海、黄海、东海和南海，位于北太平洋的西部边缘。东西横跨约 32 个经度，南北纵贯 44 个纬度，海水资源丰富。

海水是地球上最丰富的水，但由于其含有较高盐分而影响了其使用，一般只宜作为工业冷却用水。随着海水淡化技术水平的提高，应用领域不断拓展，缓解了淡水资源不足的矛盾。

海岸潮汐和波浪对海水取水构筑物影响较大。平均每隔 12 小时 25 分钟出现一次潮汐高潮，在高潮之后 6 小时 12 分钟出现一次低潮。潮水涨落幅度各海不同，如我国渤海一般在 2 ～ 3 m，长江口到台湾海峡一带在 3 m 以上，南海一带在 2 m 左右。海水的波浪是由风力引起的。风力大、历时长，则会形成巨浪，产生很大的冲击力和破坏力。

海滨地区，特别是淤泥质海滩，漂沙随潮汐运动而流动，可能造成取水口及引水管渠严重淤积。

（三）低质水

1. 低质水的内涵

低质水主要指天然状态下含水层中储存的，但由于水质问题而不能被城市生产或生活直接使用的水，也包括由于人类生活和生产活动所污染的地表水或地下水。当地其他水资源严重缺乏，而低质水的水量较大时，应考虑将其作为城市的供水水源，但应进行低质水处理利用和区外引水的技术与经济比较。

2. 低质水的主要类型和特征

根据低质水的内涵解释，低质水具有广泛的类型，即凡是水质不能直接使用的天然和污染后的水均为低质水。这里主要介绍高盐度水、高硬度水、含 H_2S 水和高硫酸盐水，以及受污染的地表水和地下水。

（1）高盐度水

高盐度水是指天然储存于含水层中的地下水。常见的有苦咸水和盐碱水等两种形成机理完全不同的高盐度水。

苦咸水常储存于封闭的地质体中，沿海地区由于海水入侵，在含水层中淡水与海水混合，或者含水层被海水污染后，后期补给的淡水溶解了被吸附于含水层颗粒的盐分，达一定浓度时便成为苦咸水。苦咸水主要是口感苦涩，很难直接饮用，长期饮用可导致胃肠功能紊乱，免疫力低下。

盐碱水是干旱、半干旱地区地下水位较浅，蒸发强烈的地区常见的水。潜水在强烈的蒸发条件下由包气带毛细管上升，水分被蒸发后，水中溶解的盐类离子浓度逐渐增高，由于矿物溶度积的控制，水中钙离子、镁离子与碳酸根离子或重碳酸根离子形成碳酸钙沉淀而脱离水溶液，而钠离子、氯离子、硫酸根离子浓度增高，从而形成盐碱水。根据离子成分的相对关系，分为三种水：一是碱水，含苏打；二是盐水，即含盐高的咸水；三是碱性盐水，即水不仅含盐高，而且含苏打。这三种水通称为盐碱水。盐碱水口感苦涩，长期饮用可导致胃病和消化道疾病。此外，盐碱水中的离子会加速钢筋的锈蚀，水中的高含量盐还可以和混凝土本身的凝胶发生作用，从而降低混凝土的强度。

（2）高硬度水

高硬度水常出现在我国北方地区和岩溶水分布地区的地下水，是指水中钙、镁等金属离子含量超过 450 mg/L（以 $CaCO_3$ 计）的水。由于其中钙和镁的含量远远大于其他金属离子含量，因此习惯上水的硬度也以水中钙镁离子的总量计算。

形成高硬度水有原生和次生两种方式。原生高硬度水是由于水中溶解了含水介质中的钙岩和镁岩及其他金属岩类。从化学角度考虑，高硬度水的形成环境是氧化、酸性条件，并且有充足的二氧化碳存在；从水力条件考虑，还应具备一定的循环条件，以使原位易溶岩向溶解态方向发展。如我国北方岩溶水中总硬度普遍达到或者高于标准值，就是在上述化学与水力循环条件下产生的。

次生高硬度水是指在人类活动影响下，使水中钙镁等金属离子不断增加而形成的高硬度水。研究表明，在含水介质存在易溶岩的情况下，长期增大地下水位降深，形成降落漏斗的地区往往出现水中硬度逐年增高的现象。此外，一些酸性物质污染地区，地下水中硬度也会普遍增大。造成这种现象的主要原理是，当地下水水位下降后，改变了地下含水介质的氧化还原环境条件，酸性增强，从而溶解了更多的钙镁和其他金属离子。酸性物质进入含水介质后将直接溶解岩类，从而使水中硬度增加趋势加快。

高硬度水直接影响人类健康。长期饮用高硬度水可引起消化不良、结石，还会引起心血管、神经、泌尿、造血等系统的病变。高硬度水的口感较差，严重影响茶饮、饭菜的口味和质量。沐浴时头发和皮肤常有干涩和发紧的感觉，严重时易促进皮肤老化进程。利用高硬度水不易洗净衣服，干燥后的衣服发硬变脆。使用高硬度水后餐具和洁具上常留有斑点，难以清洗。家用热水器结垢严重，不仅浪费能耗，还有严重的安全隐患。此外，盛装饮用水的容器中长期积累的硬垢会吸附大量重金属离子，盛装饮用水时，这些重金属离子就会溶于饮用水中，可能导致各种慢性疾病。

（3）含 H_2S 的水

H_2S 是无色、有臭鸡蛋气味的毒性气体，溶解于水后形成氢硫酸。在火山附近地下水中常含有一定量的 H_2S 气体。此外在油田水、煤矿矿井水、沉积构造盆地以及高硫酸盐地区地下水中均含有 H_2S 气体。

地球内部硫元素的丰度远高于地壳，岩浆活动使地壳深部的岩石熔融并产生含 H_2S 的挥发成分，所以火山活动地区岩浆中常常含有 H_2S。H_2S 的含量主要取决于岩浆的成分、气体运移条件等，因此岩浆中 H_2S 的含量极不稳定，而且也只有在特定的运移和储集条件下才能聚集下来。水在循环过程中溶解了其中的 H_2S，因此某些地热水中常常含有一定量的 H_2S 气体。

除岩浆活动外，含水岩层中的 H_2S 主要来源于生物降解、微生物硫酸盐还原、热化学分解、硫酸盐热化学还原等。

煤田常处于相对封闭的构造盆地，大量有机物被封存于地下深处，早期发生含硫有机质的腐败分解，含硫有机物在腐败作用主导下形成 H_2S。这种方式生成的 H_2S 规模和含量不会很大，也难以聚集。

在煤化作用早期阶段，由相对低温和浅埋深的泥炭或低煤级煤（褐煤）发生细菌分解等一系列复杂的微生物硫酸盐还原过程。微生物硫酸盐还原菌利用各种有机质或烃类来还原硫酸盐，在异化作用下直接形成硫化氢，因此为原生生物成因 H_2S 气体。大部分生物成因 H_2S 可能溶解在地层水中，在随后的压实和煤化作用下从煤层中逸散，且早期煤的显微结构还没有充分发育为积聚气体的结构，因此一般认为早期生成的原始生物成因 H_2S 气体不能被大量地保留在煤层内。该过程是 H_2S 生物化学成因的主要作用类型。这种异化还原作用是在严格的厌氧环境中进行的，但是地层介质条件必须适宜硫酸盐还原菌的生长和繁殖，因此在地层深处难以发生。

成煤后因构造运动，煤系地层被抬升，而后剥蚀到近地表。参与作用的细菌由流经渗透性煤层或其他富有机质围岩的雨水灌入，特别是当地温下降至最适于硫酸盐还原菌大量繁殖的温度时，煤中的硫酸盐岩被还原，生成较多的 H_2S。在相对低的温度下，煤化过程中产生的湿气、正烷烃及其他有机物经细菌降解和代谢作用而生成次生生物气。因此微生物硫酸盐还原作用还可能在次生生物气阶段形成 H_2S 气体。

煤在地下高温高压环境中在热力作用下会形成热解瓦斯和裂解瓦斯气，在此过程中煤和围岩中含硫有机质和硫酸盐岩也会发生热化学分解（裂解）作用和热化学还原作用，均可生成 H_2S 气体。热化学分解是指煤中含硫有机化合物在热力作用下，含硫杂环断裂后形成 H_2S，因此生成的 H_2S 气体又称为裂解型 H_2S。硫酸盐热化学还原主要是指硫酸盐与有机物或烃类发生作用，将硫酸盐矿物还原生成 H_2S 和 CO_2。硫酸盐热化学还原成因是生成高含 H_2S 天然气和 H_2S 型天然气的主要形式，它发生的温度一般大于 150 ℃。当煤和围岩中有机质硫含量及煤中硫酸盐硫含量较低时所形成的 H_2S 含量一般较低。当围岩中硫酸盐岩含量较高时，可产生较多的 H_2S 气体。

除煤系地层和石油地层中含有 H_2S 外，一些沉积构造地区也存在 H_2S。这些地下水中 H_2S 含量较高，主要是早期微生物作用生成的高 H_2S 的古代封存水。

此外，高硫酸盐岩地区（如奥陶系峰峰组）含有丰富的石膏地层，在水的淋滤过程中 SO_4^{2-} 溶于水中。当有机污染物进入含水层后，在硫酸盐还原菌的作用下可将 SO_4^{2-} 还原成 H_2S，从而形成含 H_2S 的岩溶水。

含有 H_2S 的水不仅有明显的臭鸡蛋味，而且具有明显的毒性，人体吸入可刺激黏膜，引起呼吸道损伤，出现化学性支气管炎、肺炎、肺水肿、急性呼吸窘迫综合征等。H_2S 也是强烈的神经毒素，可引起中枢神经系统的机能改变。高浓度的 H_2S 可使人体大脑皮层出现病理改变。接触极高浓度 H_2S 后可发生电击样死亡，即在接触后数秒内呼吸骤停，数分钟后可发生心跳停止，也可短时间内出现昏迷，并呼吸骤停而死亡。此外，含有 H_2S 的水对设备具有较强的腐蚀作用。

（4）高硫酸盐水

硫酸根是水中常见的溶解态离子，主要来源于介质的溶解和补给水。当其浓度超过 250 mg/L 时，称为高硫酸盐水。

天然水中的高硫酸盐水主要分布于含硫矿区、煤系和含石膏等地层，且水循环条件较好的地区。含硫矿床在氧化环境下可形成 SO_4^{2-} 而溶于水中。北方岩溶水中硫酸盐含量普遍较高，主要是奥陶系峰峰组地层中的石膏溶滤所致。

此外，在工业废水污染的地下水和地表水中常常出现高硫酸盐水，其污染源为采矿废水，发酵、制药、轻工行业的排水。含有硫酸盐的矿有煤矿、硫铁矿和多金属硫化矿。在采矿过程中，矿石中含有的硫及硫化物被氧化而形成硫酸盐，其含量可达每升几千毫克。味精废水、石油精炼酸性废水、食用油生产废水、制药废水、印染废水、制糖废水、糖蜜废水、造纸和制浆废水等均含有较高的硫酸盐，其 SO_4^{2-} 主要来自生产过程中加入的硫酸、亚硫酸及其盐类的辅助原料。此类废水在含有高浓度 SO_4^{2-} 的同时，一般还含有较高的有机质。在酸雨地区由于 SO_2 排放量较大，氧化后形成硫酸而进入土壤和地下水中，可使浅层地下水中硫酸盐的含量增高。

水中硫酸盐含量较高时水呈现酸性的特征。高硫酸盐可引起水的味道和口感变坏。在大量摄入硫酸盐后可导致腹泻、脱水和胃肠道紊乱。

（5）受污染的地表水

我国《地表水环境质量标准》（GB 3838—2002）依据地表水水域环境功能和保护目标，按功能高低依次划分为五类：Ⅰ类水体主要适用于源头水、国家自然保护区；Ⅱ类水主要适用于集中式生活饮用水地表水源地一级保护区、珍稀水生生物栖息地、鱼虾类产卵场、仔稚幼鱼的索饵场等；Ⅲ类水主要适用于集中式生活饮用水地表水源地二级保护区、鱼虾类越冬场、洄游通道、水产养殖区等渔业水域及游泳区；Ⅳ类水主要适用于一般工业用水区及人体非直接接触的娱乐用水区；Ⅴ类水主要适用于农业用水区及一般景观要求水域。

根据《室外给水设计规范》（GB 50013—2006），取水工程水源的选用应通过技术经济比较后综合考虑确定，并应选择水体功能区划所规定的取水地段，且原水水质符合国家有关现行标准。由此可见，满足Ⅱ类环境质量标准的地表水体才可作为集中式城市供水水源的源水。当水体的环境质量超过Ⅱ类时就不能直接利用，但通过处理达到《生活饮用水卫生标准》（GB 5749—2006）时可以取用，而当水体环境质量超过Ⅲ类时就不适宜用于水源水。根据这样的规定，一些接近或者超过Ⅲ类的地表水体就认为是低质地表水。

（6）受污染的地下水

《地下水质量标准》（GB/T 14848—1993）依据我国地下水水质现状、人体健康基准值及地下水质量保护目标，并参照了生活饮用水、工业、农业用水水质最低要求，将地下水质量划分为五类：Ⅰ类主要反映地下水化学组分的天然低背景含量，适用于各种用途；Ⅱ类主要反映地下水化学组分的天然背景含量，适用于各种用途；Ⅲ类以人体健康基准值为依据。主要适用于集中式生活饮用水水源及工、农业用水；Ⅳ类以农业和工业用水要求为依据。除适用于农业和部分工业用水外，适当处理后可作生活饮用水；Ⅴ类不宜饮用，其他用水可根据使用目的选用。

从上述分类情况可见，Ⅰ类和Ⅱ类水均适用于各种用途，且反映了地下水化学组分的天然背景值。根据污染的概念，当水质指标超过背景值时就认为地下水遭受到了污染。因此，对于地下水而言，超过Ⅱ类水质标准即为污染水，接近或者超过Ⅲ类的水认为是低质地下水。

（四）再生水

1. 再生水的概念

“再生水”是从水的循环使用过程和结果而言的。使用过的水中溶解了大量的溶质，这些成分有些是新水中没有的，有些是浓度显著提高，伴随着这种再溶解过程，水的性质发生了巨大变化，从而失去了某种特定的使用功能，形成了污水。通过一定的处理手段使水中的有害成分降低甚至去除，从而使水再次达到某种特定使用功能的过程称为水的再生，由于将废弃的水又进行了利用，因此这种水也称为“回用水”。

从工程角度考虑，“再生水”主要是指城市生活污水或工业废水经处理后达到一定的水质标准，可在一定范围内重复使用的非饮用水。从水质角度考虑，由于其水质介于自来水（上水）与排入管道内污水（下水）之间，故名为“中水”。从处理水的来源考虑，再生水的原水来源于城市污水（生活污水和工业废水）、建筑物内部生活污水、生活社区污水等，因此习惯上由城市污水集中处理后回用的水称为“再生水”，或者“回用水”，建筑物内部或者社区生活污水集中处理再用于建筑和社区生活杂用的水称为“建筑中水”。

再生水利用是解决城市水资源短缺总量的重要措施。目前再生水应用于厕所冲洗、园林和农田灌溉、道路保洁、洗车、城市喷泉、冷却设备补充用水等，应用十分广泛。

本书从城市集中供水水源的意义出发，作为城市水源的重要组成部分，再生水主要是指应用于工业用水、城市杂用水和环境用水，一般是通过敷设于市政道路的中水管道输送至用户。

2. 再生水的水源

再生水通过水的重复利用大大地提高了水的使用价值。再生水来源于前次使用的新水，其水量决定于工艺排出的污水量，其水质取决于用水工艺的可溶质。因此城市污水是再生水的水源。

污水是生活污水、工业废水、被污染的降水以及排入城市排水系统的其他污染水的统称。

生活污水是人类日常生活中使用过的，并为生活废料所污染的水。工业废水是工矿企业生产活动中用过的水。它又分为生产污水和生产废水两种。生产污水系被生产原料、半成品或成品等污染的水；生产废水则指未直接参与生产工艺，未被生产原料、产品污染或只是温度稍有上升的水。前者需要处理，后者不需处理或只需进行简单处理，如间接冷却水。被污染的降水主要指初期降水。因冲刷了地表上的各种污染物，污染程度很高，需要进行处理。

生活污水、生产污水或经工业企业局部处理后的生产污水，往往都排入城市排水系统，故把生活污水和生产污水的混合污水叫作城市污水，在合流制排水系统中还包括进入其中的雨水，在地下水位较高的地区，还包括渗入污水管的地下水。

3. 再生水的水量和水质

（1）再生水量估算

城市污水和工业废水通过深度处理后产生的再生水又被折减，深度处理后的出水量占深度处理单元进水量的比率称为产水率。对于满足一般工业冷却和杂用水的深度处理工艺其最大产水率为80%左右，对于反渗透工艺，产水率只有60%～75%。

（2）再生水的水质特点

再生水的水质取决于用户对水的质量要求，但其指标值常常受限于深度处理工艺。因此再生水的水质要求应以现行的再生水水质标准选择控制项目和指标限值。

目前，有关再生水的标准有：《城市污水再生利用　分类》（GB/T 18919—2002），《城市污水再生利用　城市杂用水水质》（GB/T 18920—2002），《城市污水再生利用　景观环境用水水质》（GB/T 18921—2002），《城市污水再生利用　地下水回灌水质》（GB/T 19772—2005），《城市污水再生利用　工业用水水质》（GB/T 19923—2005）。这些标准充分考虑了用户需求、污水处理厂排放标准、现有技术水平和处理成本等因素，但这些标准存在分类偏差、使用范围不一，与《污水再生利用工程设计规范》（GB 50335—2002）指标不同，某些名称不一致等问题。2007年水利部在上述再生水国家标准的基础上，颁布实施了《再生水水质标准》（SL 368—2006）。该行业标准根据再生水利用的用途将再生水水质标准分为五类，即地下水回灌用水标准、工业用水标准、农业林业牧业用水标准、城市非饮用水标准和景观环境用水标准，并规定了相应的控制项目和指标限值，有效地解决了上述水质标准不协调的问题。

三、城市水资源的特点

（一）城市水资源的性质

1. 具有较大的内涵

城市水资源比传统意义上的水资源具有更加广泛的内涵，它既包括传统意义上所指的水资源，如城市及其周围的地表水和地下水、被调来的外来地下水和地表水，还包括海水、城市雨水、生活与工业再生水、建筑中水、低质水，以及污（废）水等。

2. 突出了水资源的使用功能

无论是地下水，还是地表水或其他形式的水，只要能为城市所用就认为是城市水资源。充分体现了高效用水和节约用水的内涵。

3. 隐含了水资源利用中的技术和经济因素

水源能否使用，首先要看其水量和水质是否满足要求，还要考虑利用过程的技术上的可行性和经济上的合理性。从这个意义上讲，即使水质优良、水量丰富的地下水或地表水也并不一定是城市水资源，只有从技术和经济上能够取用的那部分才算作城市水资源。相反，城市污水只要处理技术可行，费用经济合理，水质能够满足用水要求，就是城市水资源。

4. 拓展了水资源的地域范围

城市水资源并不单指城市及其周围的可用水源，还包括能够在技术与经济合理的条件下从区外调用的各种可用水源。

5. 体现了多渠道开源的思想

城市水资源具有较大的内涵，这也表明城市所利用水的多种性。由于将海水或低质水和污水也列为可利用的水源，开拓了水源的来源。

6. 可推动水处理技术的进步

海水、低质水和污水要达到使用的程度，必须进行相应的处理，但目前有些处理技术还不成熟，或者不够经济，影响了其利用的效率。因此，要利用这些水资源就必须开展相关项目的深入研究，从而推动水处理领域的技术不断进步。

7. 有利于环境保护

污水处理后回用，减少了排入环境的污水量，减轻了其对环境的污染，有利于城市的环境保护和可持续发展。

（二）城市水资源的特征

1. 城市水资源的水量特性

作为城市水资源的地下水和地表水部分是传统意义上水资源的一部分，因此具有水资源的一些共同特性。

（1）可恢复性和有限性

大气圈、水圈、岩石圈中的水，彼此之间都有密切的联系。水在这些圈层的循环使水从一种形式转化为另一种形式。一定时期内，某一圈层或某一种形态的水可能减少，但它们只是从该处转化到另一处，或一种状态转化为另一种状态，总水量不会变化。由于水的循环，暂时减少的水可能会再得以补充，这就是城市水资源的可恢复性。

但是，某一特定的含水体（如开采水源地），水量并不一定能够全部得以恢复。此外，传统意义上的水资源仅指淡水资源，但全球淡水量还不足全球总水量的3%，而真正能容易开发利用的河水、湖泊水及地下交替带中的地下水等水资源量约不足地球总水量的0.3%。可见城市水资源是很有限的。

（2）时空分布不均性

由于储水构造、气象、地形、地貌以及人类活动等各不同，因此，水资源在时空上变化很大，不同地区、不同区域、不同年代和不同季节中分布情况极不平衡。常形成空间上、年际上和季节上的分布不均匀。

（3）统一性

从自然界水循环角度考虑，大气降水、地表水、土壤水（非饱和带水）和地下水等是水资源在不同时间和空间上的表现形式，它们之间在不同的条件下相互转化、相互补给。因此，在水资源开发利用中，只有很好地掌握大气降水、地表水、土壤水（非饱和带水）和地下水的相互转化关系和转化规律，才能有效地、持续地利用好城市水资源。如果其中一个环节遭到破坏，就会影响整个水循环过程。可见，城市水资源是一个不可分割的整体，要统一管理、统一规划、统一保护。

（4）多功能性和不可替代性

水是人类生活和生产中重要的物质。如果没有了水，人类将无法生存，工农业生产无法进行，生态环境将变得无法去想象。因此城市水资源是一种不可替代的物质。

（5）利害双重性

人们生活和生产都离不开水，水确实给人类的发展起到了重要的作用。但自然界也常出现洪、涝、旱、碱等自然灾害，给人类带来一定的灾难。因此，一定要掌握水资源的自然规律，按客观规律办事，只有这样才能做到兴利避害，使城市水资源更高效地为人类服务。

城市水资源除具有水资源的一般特点外，还有以下一些特殊的特征。

（1）多样性

城市水资源包括一切可被城市利用的水源，既有地下水和地表水，又有海水、大气降水、低质水和污水，它们之间具有一定的联系，在利用过程中常构成一个非常复杂的循环系统。

（2）集中利用性

城市供水和用水的显著特点是集中性。新水集中使用后，同时集中产生出污水。对于地下水和地表水较为缺乏的城市，应同时将污水集中处理后再利用，从而减少对新水量的依赖。

（3）脆弱性

城市水资源的开发和使用过程与人类活动关系密切，因而极易受到污染。有些区外的水源虽然周围无任何污染源，但在供给和使用过程中也可能受到污染。

（4）可复用性

城市水资源中的污水是生活和生产过程中将新水污染后排出的水。处理后回用的污水相对原来的新水而言，是对新水的复用。而传统意义上的水资源利用后被排放，一般不直接回用，排出的这部分水只有通过自然界水循环方式才有可能再被利用。

（5）可再生性

城市污水经过处理达到使用功能后即可再利用，从而成为城市水资源。相对新水而言，这部分处理后达标的水恢复了其原来所具有的使用功能，即污水被再生。污水的再生利用对于缓解当前和今后城市用水与供水的矛盾起到重要的作用，同时对于改善城市环境，防止污染具有十分积极的意义。

2. 城市水资源的水质特征

城市水资源类型众多，归纳越来具有如下水质特征。

（1）不同类型城市水资源水质差别较大

城市水资源的内涵广泛，并且体现了水的循环利用，因此水质十分复杂。对于常规意义的水资源，地表水相对地下水更易于被污染，污染的地表水超过质量标准后便成为低质水。地下水具有水质相对稳定的特性，除处于特定地质环境时溶解某些矿物成分而超标外，多数地下水的水质指标符合饮用水卫生标准。重复使用的水经多次使用后溶解了大量污染物质，水的性质也会发生明显变化，必须根据用户要求进行深度处理达标后再利用。

（2）低质水的水质指标超过正常使用功能要求

低质水是解决严重缺水城市用水的有效水资源，但这些水中含有大量的特殊成分，水的性质也具有明显的改变，如高硫酸盐水的pH偏小，苦咸水中碱度较高，高硬度水中钙镁离子含量增高。这些水质严重影响生活和工业设备的正常运行，这些水也必须通过处理后才能使用。

（3）污水的水质成分十分复杂

生活和生产过程中使用的水直接或者间接地溶解一些污染物质，归纳起来主要有病原体污染物、耗氧污染物、植物营养物、有毒污染物、石油类污染物、放射性污染物，酸、碱、盐无机污染物，热污染等。污水中污染物的种类和含量与生活和生产工艺密切相关，如生活污水中有机污染物占多数，而重金属含量较小，工业废水中含有大量的重金属等有毒污染物、石油类污染物、耗氧污染物等。随着再利用频次增多，污水的成分也将更加复杂化。

（4）再生水的水质与用途相适应

污水成分复杂化影响其使用的范围，要全部处理到原水的水质状态技术经济明显不合理，因此再生水的水质是根据不同用途的水质标准为目标。

（5）城市水资源的水质与技术经济密切相连

不同类型的城市水资源具有不同的水质，多数水需经过处理达标才能使用，而处理成本费用随原水水质与再生水水质相关。对于特定的城市，应考虑多种水资源的综合利用，以使技术上可行，经济上合理，避免一味追求污水的再生回用率而增加单位产品的成本，也应杜绝大量使用常规水资源而造成水资源的浪费和导致水环境的恶化。

3. 城市水资源的能源特征

水（H_2O）是由氢、氧两种元素组成的无机物，自然界的水通常是溶解了酸、碱、盐等物质的复杂溶液。水是一种可以在液态、气态和固态之间转化的物质，在转化过程中将吸收或者释放热量。

在20 ℃时水的热导率为0.006 J/(s·cm·K)，冰的热导率为0.023 J/(s·cm·K)，在雪的密度为 0.1×10^3 kg/m³ 时，雪的热导率为 0.000 29 J/（s · cm · K）。水的密度在 3.98 ℃时最大，为 1×10^3 kg/m³；温度高于 3.98 ℃时，水的密度随温度升高而减小；在 0 ～ 3.98 ℃时，水不服从热胀冷缩的规律，密度随温度的升高而增加。水在 0 ℃时，密度为 $0.999\,87 \times 10^3$ kg/m³；冰在 0 ℃时密度为 $0.916\,7 \times 10^3$ kg/m³。因此冰可以浮在水面上。

水的热稳定性很强，水蒸气加热到2000 K以上也只有极少量离解为氢和氧。常见液体和固体物质中水的比热容最大，在 1 个大气压，20 ℃时水的比热容为 4.182 kJ/（kg · K），其值随着温度和压力的变化而变化。

水的较高比热容决定了一定质量的水吸收（或放出）较多的热后自身的温度却变化不大，有利于设备和环境的温度调节；同样，一定质量的水升高（或降低）一定温度就会吸热（或放热），这有利于用水作冷却剂或取暖。因此，水具有很好的能源（热和冷能）利用价值。

水中溶解物质影响水的热理性质，因此不同城市水资源具有各异的能源使用价值，归纳起来具有如下特性。

（1）城市水资源具有储能的功效

任何城市水资源均具有水溶液的热理性质，但不同类型的水资源由于其溶解成分不同，热理参数不尽相同，导致热能量有所不同。

不同类型的水资源储存能源类型不同，如地表水具有吸收环境热量的功效，可使环境温度保持在一定的范围；地下水储存和运移于地下恒温层时，其温度保持稳定，因而具有稳定水温的功能，当高温水灌入后，冷热水及其含水层间进行热量交换，最终达到了含水介质的温度，这就是地下水冷能利用的基础。储存和循环于地下恒温层以下的地下水，受地温梯度变化的影响，随着循环深度的增加水的温度逐步增高，开采这种地热水或者蒸汽可直接用于供热、发电等。可见地下水具有储存冷热能的双重功效。

城市污水在使用过程中吸收环境的热量，通过相对封闭的收集管网系统进入污水处理厂后还能保持高于环境温度的状态，甚至在冬季北方城市污水也能保持在 5 ～ 8 ℃。处于火山和岩浆活动地带的含 H_2S 水一般水温高于 20 ℃，主要是吸收了和储存了地热能。这些水资源均具有能量利用的价值。

（2）城市水资源具有传递能量的作用

水在管道和设备接触过程中，在温度梯度作用下进行热量交换，把热量通过水的吸收带出至环境，达到冷却、稳定设备工作温度的效果，这就是应用十分广泛的循环水冷却系统。

水源热泵技术是城市水资源能量传递的最新技术，目前应用渐趋成熟。它通过热交换可将通过输入少量高品位能源（如电能），实现低温位热能向高温位的转移。水体可分别作为冬季热泵供暖的热源和夏季空调的冷源，即在夏季热泵将环境中的热量取出来，释放到水体中去，由于水源温度低，所以可以高效地带走热量，以达到夏季给环境制冷的目的；而冬季环境温度低于水的温度，通过水源热泵机组从水源中提取热能后送到环境中供热。由于地下水的水温常年稳定，因此便于热泵机组稳定运行，而地表水、污水等水体温度受环境影响较大，给热泵的运行稳定性保持方面带来不便。

（3）城市水资源具有水量和能量双重利用特性

目前，城市水资源的利用方针是在满足用户水质要求的前提下优先保证水量的使用，但有些水源同时具有较高的温度，这就为实现水资源的量和能的双重利用奠定了基础。如地下低温热水，其水质指标基本能够满足水厂原水水质，而本身也具有高于 20 ℃的水温。如果在进入水厂之前通过热交换器将热量提取出来利用，交换后水的温度显著降低，其水质仍然是符合水质标准的原水，这样就达到了水量和能量的双重利用，大大提高了水的使用价值。

虽然城市水资源具有水量和能量的双重利用性，但实际利用时应从水质稳定、水量保护、环境的热平衡等因素考虑合理选用其利用方式。

所谓水质稳定是指提取热能后能否保持水的基本性质，能否满足原水的水质要求。因为温度是影响水性质的最活跃因素，降低水温后改变了一些盐类的溶度积常数，对应离子可能会接近饱和甚至过饱和而易于生成沉淀。因此过度地提取热量后有可能不利于净水工艺的正常运行，这就有必要深入研究满足净水工艺前提下的热量交换率。

所谓水量保护是指循环于地下的热水受循环条件限制水量可能有限，这样的水一般不能以水量为主要目标，提取热能后应该采取回灌等措施保持热水资源。

保持环境热平衡对生态环境保护、地下水水质稳定等具有重要意义。过度向海水和河流等水体中排放冷却循环热水可使水体温度升高，从而引起热污染，打破水体中微生物、化学成分间的平衡，导致生态环境的恶化。向地下含水层中过度注入热水或者冷水，也会改变地下水环境中的反应平衡，从而可能引起地下水的水质发生重大变化。

第二节　城市供水对水资源的要求

一、城市供水对水量的要求

（一）城市可供水量

城市可供水量是指不同水平年、不同保证率条件下通过工程设施可提供的符合一定标准的水量，包括区域地表水（含海水）、地下水、区外调水、低质水和再生水回用等。不同水平年是指规划年限，工程意义上一般分为现状水平年、近期（一般 5 ~ 10 年）、远期（一般 10 ~ 20 年）和远景（一般 20 年以上），实际应用时按城市总体规划和给水专项规划规定的年限确定。城市可供水量的保证率是指设计频率条件下的水资源可供给量。

城市可供水量具有如下特点。

（1）城市可供水量虽然有多种，但一般优先选择符合水源水水质标准的地表水和地下水作为水源，其他类型的水作为辅助水源。

（2）地表水受季节和环境的影响较大，因此要充分论证不同水平年的供水保证率，特别要注意地表水污染而引起资源量的水质性减少。

（3）地下水相对地表水而言水量和水质较为稳定，但要严禁超采。因此要首先通过水文地质勘察确定水源地的允许开采量，计算的地下水可供水量必须小于允许开采量。

（4）区外调水是解决城市当地水资源严重不足的有效措施，但要注意区域（或者流域）水资源的调配政策，通过区域技术、经济、法规、政策等论证后才能确定其可供城市水量，否则会出现争水矛盾，这样城市水资源可供水量也难以保障。

（5）低质水是解决严重缺水城市水资源供需矛盾问题的重要水源，根据不同用途处理达标后可作为工业和生活的补充水源。对于水资源严重短缺的城市，低质水还是重要的工业供水水源。对于污染的地表水和地下水，在开发利用时要注意论证水源污染的原因，调查污染源，分析和评价开采期内水质的恶化趋势。

（6）再生水回用是实现水循环利用的有效措施，其来源于城市，水源相对充足，只要根据用途处理达标即可使用，成为城市水资源的重要组成部分。目前存在处理成本高、工艺产水率偏低、有机物等某些指标难以达到用户水质标准等问题，制约了其广泛应用。随着技术的不断进步，水处理成本将逐步降低，其应用前景将更加广阔。

（7）水资源城市存在于自然和城市社会循环中，具有自然和社会属性。自然界的水资源要通过工程措施才能成为城市所利用的水资源。同样，循环于社会使用过程中的水资源也要通过收集、处理、输送环节实现其利用价值，跨流域、跨行政区调水将受到国家地方政策的支持，因此城市水资源受技术、经济、社会多种因素的制约，但最终要通过工程措施来实现利用。

（8）城市可供水量和工程规划设计所确定的水平年有关。在水资源严重短缺的城市，一般首先考虑满足近期的城市需水量为原则来论证可供水量，并应加大再生水的利用量。

（9）城市水资源的供水保证率与可供水量具有密切的关联，对于自然属性的水资源，特别是地表水资源，不同保证率所对应的可供水量差别很大。一般水资源量的保证率是和城市规模、用水重要程度、供水系统的调度灵活性等方面有关。《室外给水设计规范》（GB 50013—2006）规定，用地下水作为供水水源时，应有确切的水文地质资料，取水量必须小于允许开采量，严禁盲目开采，而且地下水开采后，应不引起水位持续下降、水质恶化及地面沉降，可见地下水的允许开采量就是地下水可供水量的保证率下限。用地表水作为城市供水水源时，其设计枯水流量的年保证率应根据城市规模和工业大用户的重要性选定，宜采用 90% ~ 97%。同时，又规定了地表水取水构筑物设计枯水位的保证率应采用 90% ~ 99%，说明地表水可供水量的保证率要同时考虑地表水的水量和水位的保证程度。

（10）在确定城市可供水量时还应充分考虑城市应急水源的水量。分析城市各类水源的保证程度，根据城市水资源供需平衡分析成果，紧密结合城市供水应急预案确定应急供水规模，依据城市水资源分布情况确定应急水源和应急供水措施。

（二）城市用水量组成

《城市用水分类标准》（CJ/T 3070—1999）根据《国民经济行业分类和代码》（GB/T 4754—1994）将城市用水分为居民家庭用水、公共服务用水、生产运营用水、消防及其他特殊用水四大类。其中居民家庭用水是指城市范围内所有居民家庭的日常生活用水，共包含 3 类用水范围；公共服务用水为城市社会公共生活服务的用水，包含 12 类用水范围；生产运营用水是指在城市范围内生产、运营的农、林、牧、渔业、工业、建筑业、交通运输业等单位在生产、运营过程中的用水，包含 23 类用水范围；消防及其他特殊用水是指城市灭火以及除居民家庭、公共服务、生产运营用水范围以外的各种特殊用水，包含消防用水、地下回灌用水和其他特殊用水 3 类用水范围。

上述城市用水分类共有四大类 41 种类型，种类十分繁多，它适用于城市公共供水企业和自建设施供水企业的供水服务和核算，对节水行业考核也具有较强的针对性。但是，对于城市供水规划和设计领域，由于很难对各城市各行业的用水精确地进行调查和统计，特别是在规划阶段城市内的行业种类也存在很大的不确定性，因而得不到如此精细的规划设计基础资料，使得执行该标准会面临很大的困难。根据规划和设计工作的特点和需求，把城市用水理解为直接供给城市内居民生活、生产和环境用水三个范围，可将城市用水分为生活用水、工业用水和环境用水三大类。

生活用水包括城市居民住宅用水、公共建筑用水、市政用水、供热用水和消防用水。居民住宅用水也称为居民生活用水，是指饮用、洗涤、冲厕等室内用水和庭院绿化、洗车等居住区自用水。公共建筑用水包括机关、学校、医院、商场、宾馆旅店、文化娱乐场所及物流等公共建筑的生活用水、办公饮水和热水用量等。居民生活用水量和公共建筑用水量统称为综合生活用水量。市政用水主要是指浇洒城市道路、广场和公共绿地用水。供热用水是指供热系统的初期用水和运行过程中的补充水。消防用水是城市道路消火栓以及其他市内公共场所、企事业单位内部和各种建筑物的灭火用水，市政给水工程设计时消防用水量专指根据城市人口规模和灭火时间所确定的消防水量，即城市道路消火栓的消防出水量。

工业用水量包括工业企业生产用水和工作人员生活用水量。工业生产用水一般是指工矿企业在生产过程中，用于冷却、空调、制造、加工、净化和洗涤等生产用水。在计算整个城市的工业用水量时，由于工业生产用水占绝大比例，所以在统计资料缺乏的情况下，可忽略工作人员生活用水量，可根据工业企业类别及其生产工艺要求确定综合工业用水量。对于大工业用水户或经济开发区宜单独进行企业生产和生活用水量计算。在工业区规划阶段，由于企业类型具有不确定性，生产工艺用水定额难以确定，可根据国民经济发展规划，结合现有类似工业企业用水资料分析确定，也可按单位规划面积企业用水指标进行估算。

环境用水主要是景观与娱乐用水，包括观赏性景观用水、娱乐性景观用水和湿地环境用水。用水方式为补充河湖以保持景观和水体自净能力的水、人工瀑布和喷泉用水、划船滑冰与游泳等娱乐用水、维持湿地沼泽环境的补充水，还包括城市内的大型生态林草地、高尔夫球场用水等。

（三）水资源供需平衡分析

由于水资源在空间和时间上分布的不均匀性，国民经济发展对水资源开发利用的不平衡性，以及水污染使水质恶化等，已给世界范围内很多地区带来水资源的供需问题。进行水资源的供需平衡分析，揭示水的供需之间的矛盾，预测未来可能发生的问题，可以未雨绸缪，使区域内的水资源能更好地为国民经济、人民生活服务，为人类生存创造更良好的生态环境。

1. 水资源供需平衡分析的含义

水资源供需平衡分析是在一定范围内不同时期的可供水量和需水量的供给与需求，以及它们之间的余缺关系进行分析的过程。

水资源供需平衡分析的范围是指流域、经济区域或行政区域，对于城市水资源的供需平衡分析，多指城市所属的行政区域，但跨流域调水的城市，其范围还涉及被调水资源所在的流域和行政区域，所以合理分区是进行水资源平衡分析的重要工作。

不同时期是指设计水平年，由于城市给水工程设计是以城市总体规划为基础，因此城市水资源平衡分析的时期一般也与城市总体规划的期限相一致。

从上述概念还可以看出，水资源供需平衡分析的过程包括可供水量分析、需水量分析，以及供需平衡（余缺关系）三个方面的工作，也包含供水量的供水方式和需水量的使用。供水量与供水工程和供水方式相联系，因为只有通过工程措施可以取得的符合用水标准的水量才能算作可供水量。需水量与用户对水资源的使用方式相关，高效利用水资源一定是一个可持续的过程，在这个过程中水得到循环利用和综合利用，其需水量包含用水、排水的过程，而排出的水通过再生又成为可供水量，从而形成十分复杂的水量平衡关系。

2. 水资源供需平衡分析的步骤

水资源供需平衡分析的步骤如下所述。

① 确定水资源平衡区域。划分时尽量按流域和水系划分。对于地下水应以完整的水文地质单元划分，在此基础上尽量照顾行政区划的完整性。

② 合理确定计算时段。根据城市总体规划所确定的水平年确定水资源的计算时段。对于国民经济发展重点区域和供水十分重要的区域，要尽量把时段划分

得小一些，但时段过小时资料不易获得。因此可一般以年为时段单位。

③ 区域条件分析。查清区域水资源开发利用的现状，包括天然水资源数量、质量及工程供水现状，国民经济各部门的用水量、耗水量、回归水量、污废水排放量以及河流、地下水水质现状；区域内水资源供需现状及存在的问题等。

④ 区域可供水量分析计算。分析不同水平年的天然水资源及工程供水能力，计算每个分区的可供水量。

⑤ 区域需水量分析计算。分析区内各部门不同水平年的需水量及耗水量，包括流域自身的需水量如水发电、航运、环境、旅游、生态等用水量和流域的工业用水量、生活用水量、近郊农业用水量等。

⑥ 区域水资源平衡分析方法选择。首先选择平衡分析方法，如时间序列法、典型年法、动态模拟分析法等。

⑦ 区域水资源平衡的一次分析。要分析区域内不同水平年的水资源余缺情况和供需平衡存在的问题，通过一次平衡分析了解和明晰现状供水能力与外延式用水需求条件下的水资源供需缺口。确定在现有供水工程条件下，未来不同阶段的供水能力和可供水量缺口；确定在国家节水、经济和环境保护等政策条件下，未来不同阶段的水资源需求自然增长量。

⑧ 区域水资源平衡的二次分析。在一次供需分析的基础上，在水资源需求方面通过节流等各项措施控制用水需求的增长态势，预测不同水平年需水量；通过当地水资源开源等措施充分挖掘供水潜力；通过调节计算分析不同水平年的供需态势。通过供给和需求两方面的调控，基本实现区域水资源的供需平衡，或者使缺口有较大幅度的下降。

⑨ 区域水资源平衡的三次分析。若二次平衡分析后仍有较大的供需缺口，应进一步调整经济布局和产业结构、加大节水力度，论证跨流域调水条件和制定调水方案。

⑩ 研究实现水资源供需平衡的对策措施。从区域水资源条件、可供水量、需水量、供水工程的经济合理性等方面研究制定维持区域水资源平衡的技术经济措施，选择实施优选方案，力争以最小的经济代价实现水资源的供需平衡。

二、城市供水水源的水质要求

（一）常规水源水质量标准

我国《地表水环境质量标准》（GB 3838—2002）中的Ⅰ类水体主要适用于源头水、国家自然保护区；Ⅱ类水主要适用于集中式生活饮用水地表水源地一级保护区、珍稀水生生物栖息地、鱼虾类产卵场、仔稚幼鱼的索饵场等，可作为集中式城市供水水源的源水。Ⅲ类水主要适用于集中式生活饮用水地表水源地二级保护区、鱼虾类越冬场、洄游通道、水产养殖区等渔业水域及游泳区，不能直接利用，但通过处理达到《生活饮用水卫生标准》（GB 5749—2006）时可以取用，而当水体环境质量超过Ⅲ类时就不适宜用于水源水。

《地下水质量标准》（GB/T 14848—1993）中的Ⅰ类水主要反映地下水化学组分的天然低背景含量，适用于各种用途；Ⅱ类水主要反映地下水化学组分的天然背景含量，适用于各种用途，Ⅰ类和Ⅱ类水均适用生活饮用水源。Ⅲ类水以人体健康基准值为依据，主要适用于集中式生活饮用水水源及工、农业用水。根据污染的概念，当水质指标超过背景值时就认为地下水遭受到了污染。因此，对于地下水而言，超过Ⅱ类水质标准即为污染水，就不适应于直接利用于生活饮用水的水源。

（二）饮用矿泉水水质标准

近年来随着我国经济的快速发展，人民生活水平不断提高，人们对饮用水质量的需求也在不断提高，许多地区在开发利用矿泉水资源作为高质量生活饮用水。还有的城市水源，由于其地处特殊的地质构造区域，正常建设的城市供水水源地所开采的地下水却能满足饮用天然矿泉水的标准。为此，有必要对饮用矿泉水进行详细介绍。

饮用天然矿泉水是从地下深处自然涌出的或经钻井采集的、含有一定量的矿物质、微量元素或其他成分，在一定区域未受污染并采取预防措施避免污染的水；在通常情况下，其化学成分、流量、水温等动态指标在天然周期波动范围内相对稳定。

2008 年 12 月 29 日国家监督检验检疫局、国家标准化管理委员会联合发布了《饮用天然矿泉水国家标准》（GB 8537—2008），规定了饮用天然矿泉水的产品分类、要求、检验方法、检验规则以及标志、包装、运输和储存要求。

该标准适用于饮用天然矿泉水的生产、检验和销售。该标准根据产品中CO_2含量分为四类，即含气天然矿泉水、充气天然矿泉水、无气天然矿泉水、脱气天然矿泉水。

（三）其他水源的水质要求

除常规地表水和地下水外，低质水和再生水也是城市重要的城市供水水源。低质水和再生水均不能直接使用，而要通过处理达到用户用途的水质要求。理论上，任何水均可以处理达到用户使用的水质要求，但限于目前的处理技术水平，特别是考虑处理成本问题，低质水和再生水也不是无限制地加以利用，所以其水源的水质和处理技术和经济成本有密切关系。也就是说，作为低质水和再生水的源水，其水质受到用途水质标准与处理技术和成本的控制。

再生水一般可用于城市杂用、景观环境用水、地下水回灌、工业用水等，目前国家出台了相应的水质标准，明确了各种用途的水质要求。低质水一般处理后用于工业用水和能源用水，但目前还没有专门针对其颁布水质标准。但是，低质水也要通过处理后达到用途的水质标准才能使用，因此可参照再生水的水质标准作为处理工艺的出水水质标准。

处理技术与成本控制低质水和再生水的源水水质原理是，根据源水的水质情况，结合当前技术水平和用户对水的要求初步确定水的处理工艺；以出水水质达标和成本最低为目标，以工艺参数和进水水质为决策变量，以工艺参数的可控条件为约束条件，建立处理工艺的优化模型；求解优化模型，反求出进水水质指标的最大浓度和可行的工艺参数；根据水质指标的最大浓度即可确定水源的水质，这就是低质水或者再生水的水源水质要求，那些处理起来超过当前处理工艺和技术水平，或者经济成本过高的水源就不适宜作为城市水资源使用。

三、水资源能源利用对水的要求

（一）水量要求

水作为能量的载体，其水量直接影响能量的储存和传递，因此利用水的热能和冷能时要保证一定的水量。如水源热泵系统要求水源的水量充足，能满足用户制热负荷或制冷负荷的需要。如果水量不足，机组的制热量和制冷量将随之减少，达不到用户要求。地热能利用系统也要求地下热水稳定，达到交换热所需水量的最低要求。所以，水资源能源利用的用水量与热利用的热交换负荷有密切的关系，也与交换设备的效率有关。

（二）水质要求

水资源的能源利用有直接利用和间接利用两种方式。直接利用是将热水或者冷水直接作为工业或生活水源使用，这种情况下，水质必须满足工业或者生活用水的水质要求。间接利用是热水或冷水通过热交换器换热后利用，其特点是热源与用户非接触，因此其水质要求与工业或者生活用水的水质无关，而只需满足换热设备对水质的要求即可。

水源含砂量高时对机组和管阀会造成磨损，用于补充热源而进行的地下水回灌水时会造成含水层堵塞。水的化学成分对设备也具有很大的影响，如偏酸性的水会对设备和管道造成腐蚀，高硬度的水会在设备和管道中沉积水垢，当水中游离 CO_2 和溶解氧含量较高时会加重水对设备和管道的腐蚀。因此，要根据换热工艺和设备制定水源水的水质标准，水质不满足时要进行必要的处理。

（三）水温要求

不同类型的热源含有不同的温度，地热能一般温度为 20 ~ 100 ℃，可以直接利用，也可间接利用；河流、湖泊等地表水体的温度随着季节不同而不同，但冬季高于环境温度，而夏季低于环境温度，可通过水源热泵机组采暖和制冷；城市污水和工业废水的温度也可能通过水源热泵用于采暖和制冷。

一般认为高于 20 ℃的地热能即可直接利用。对于江河、湖泊等地表水，以及城市污水等热源，多是通过水源热泵机组利用其能量，当温度不足时，会消耗电、油、气等常规能源补充热量以达到采暖或制冷的需求，所以温度过低的水其能效就不合理。

对于热泵系统，首先要有足够的水温才能维持设备机组的正常运行，其次稳定的水温可使设备稳定运转，也可以保持较高的设备工效。因此，水资源的能源利用时应尽量选择有足够且稳定水温的水源。

第三节　城市水资源开发利用的方式及意义

一、城市水资源利用方式与特点

（一）城市水资源利用途径

城市水资源的问题在 20 世纪中后期已明显地出现在人类面前。其中最主要的问题是可供城市的水资源量严重不足。

面对这种情况，我国在 20 世纪 70 年代就提出“开源与节流并重”的城市供水用水方针，指出了解决城市水资源不足的两条途径。但经过近 10 年的时间，由于城市迅猛发展，工业生产和居民用水量不断增加，城市需水量也逐年增长。而同时没有特别重视环境保护工作，致使现有的水源也遭受了严重的污染，从而使原本不足的水源量因水质性减少更显不够。另一方面，节约用水工作刚刚起步，人们的节水意识还很淡薄。因此，这一时期实施了“开源”，而并没有同时做到“节流”。

20 世纪 80 年代，面对越来越明显的城市水资源危机，我国将城市供水用水的方针调整为“开源与节流并重，近期以节流为主”，强调了节约用水的重要性。随后，全国建立健全了节水管理机构，开展了一系列的节水宣传教育工作。

20 世纪末，为彻底解决城市水资源危机的问题，根据我国国情，国家提出了做好城市供水、节水和水污染防治工作必须坚持“开源与节流并重、节流优先、治污为本、科学开源、综合利用”的方针。这个方针反映了城市水资源利用中必须实现水源开发—供水—用水—排水—水源保护的良性循环，实现城市水资源的可持续利用。

实现城市水资源的可持续利用，首先要科学开源。城市供水首选水源地表水或地下水，要做到合理开发利用这些水源，并加强水源的保护工作，防止由于水源污染而造成的水资源水质性减少。同时要合理调配取水方案，使水源发挥其最大的利用效率。此外，在可供城市淡水数量有限的情况下，要充分利用其他水源，如低质水、海水等，以增加城市的可供水数量。

城市生活与生产用水后将产生大量废水，这些废水约为用水量的80%，数量十分可观。将其处理后达到用水水质要求后，可用于生产和生活。这相对于使用以前的地表水或地下水，实现了水的重复使用，提高了水的利用率。这样既满足了城市用水需求，又减少了污水排放对环境造成的影响，实现了资源与环境的协调。总之，实现城市水资源高效利用的途径是，合理开发利用水资源、加强水源保护、实现城市污水资源化利用，以及开发其他替代水源等。

（二）城市水资源利用方式

1. 城市供水水源的利用特征

供水水源是城市供水工程的基础，它制约着供水工程的规模，也影响着供水工程的方案及工程投资等。因此，了解城市供水水源的特征，合理选择水源具有重要的意义。

最常用的城市供水水源是地下水和地表水两大类。地下水包括潜水、承压水和泉水；地表水包括江河、湖泊、水库和海水等。

此外，对于水资源不足的城市，宜将城市污水处理后用作工业用水、生活杂用水及河湖环境用水、地下水人工回灌用水等。缺乏淡水资源的沿海或海岛城市宜将海水直接或经处理后作为城市水源，特别缺水地区采用低质水，但其水质应符合相应的标准规定。

相比而言，再生水的源水是使用过的地表水和地下水，其水量一般可达供水量的80%左右，水量相对充沛稳定，因此它是除地表水和地下水以外的最有利用潜质的城市水资源。海水具有水量丰富、稳定的特性，可作为工业冷却水系统和洗涤工艺等工业用水，但其海水中含盐量高，对设备和管道具有化学和生物腐蚀作用，使得广泛使用受到限制。低质水中微污染的地表水和地下水经处理达标可以作为正常的城市与工业用水，但污染严重的地表水和地下水可能因处理成本和处理技术限制而制约其大量使用。对于高盐度水、高硬度水、高 H_2S 水、高硫酸盐水等低质水，一般在严重缺水地区或者以利用其能源为主的用户使用为宜。

2. 水源选择的原则

水源选择要结合城市远近期规划和工业、城市整体布局，从给水系统的安全和经济诸方面综合考虑，具体应遵循以下原则。

（1）地表水和地下水是常规的水资源，它们清洁、水质符合水质标准，特别是地下水温度稳定，是城市工业和生活用水的首选水源。

（2）所选水源应水质良好、水量充沛、便于保护。生活饮用水源要符合《生活饮用水卫生标准》中关于水源水质的规定；工业企业生产用水的水源水质按不同行业和生产工艺对水质的要求而定；对于工业和生活用水取同一水源的给水系统，应根据《生活饮用水卫生标准》中关于水源水质的规定选择水源。给水水源的水量要按设计保证率（一般为90%～97%），满足现状和远期发展的用水需求。城市给水水源要便于水质和水量保护，防止水源污染和其他水源开采对新建水源产生水量减少、水质恶化等不良后果的发生。

（3）所选水源不仅要考虑现状，还要考虑远期变化。对于水质，要充分调查现状水源的污染防护问题，预测未来水源的污染发展趋势。对于水量，除满足现状或近期生活、生产需水量外，还应满足远期发展所必需的水量。对于水资源较缺乏的地区，可只满足某一规划期的需水量，但要提出远期水源解决方案的建议。

（4）地下水源的取水量应不大于其允许开采量，地表水源取水量不大于水体的可取水量。例如天然河流（无坝取水）的取水量应不大于该河流枯水期的可取水量。在河流窄而深，水流速度较小，下游有浅滩、浅槽或取水河段为深槽时，可取水量占枯水流量的30%～50%，在一般情况下，则为15%～25%。当取水量占枯水流量比例较大时，应对可取水量作充分论证。

（5）地下水作给水水源时，应按泉水、承压水、潜水的顺序选择。地表水源须优先考虑天然河道中取水的可能性，而后再考虑需调节径流的河流和水体。

（6）地下水与地表水源均可利用时，要从技术和经济两方面综合考虑选择之。符合卫生要求的地下水，应优先作为饮用水源。有条件时，可采用生活与工业用水选择不同水源的方式。地下水源与地表水源相结合、集中与分散相结合的多水源供水以及分质供水不仅能发挥各类水源的优势，而且对于降低给水系统投资、提高给水系统运行可靠性均能发挥独特作用。

（7）要充分考虑城市给水水源与农业、水利航运或其他水源的相互协调。

（8）取水、输水、净化设施要安全经济、维护方便，并具有较好的施工条件。

（9）再生水可作为工业用水、生活杂用水、景观用水及地下水人工回灌等用途，为重要的城市供水水源，低质水作为辅助水源使用，但在使用时要评价和控制其环境和健康风险。

（10）确定水源类型、取水地点和取水量等，应取得有关部门的许可。

3. 供水水源利用方式

（1）水资源量和质的利用方式

地下水接受大气降水或地表水入渗补给，储存运移于含水介质空隙中，水质透明、色度低、水温较稳定，径流量受季节变化影响相对较小，承压水或包气带较厚的潜水具有较强的防污染能力。因此，通过取水构筑物取水后输送至配水厂经消毒后即可供给城市生活和工业用水。对于特殊地层的地下水，其溶解性总固体、硬度相对较高，有些还常有总铁和锰超标的情况，需在水厂进行软化、除铁、除锰等处理后才能使用。

地表水存在于地表河流、水库、湖泊等地势低洼处，多为大气降水径流补给，也有地下水径流补给、冰川消融水补给等。它的水量受气候影响明显，其水质受季节变化影响敏感，在污染源存在时水质受到污染物、污染负荷、水体自净功能等因素共同影响，其水温与气温变化规律密切。因此，不同的地表水要采用相适应的地表水取水构筑物，以保证取水量能够满足设计需水量的要求，泥沙、浊度等满足净水厂工艺的限制。由于地表水体储存运移于地面，直接暴露于大气中、浑浊度较高、有机物与细菌含量较高，有时呈现较高的色度，所以多数地表水要经过处理后才能使用。处理的目标指标要根据地表水的水质指标和饮用水卫生标准，或者其他用途的水质指标而定。但由于地表水中细菌数远多于地下水，处理时需消耗较多的消毒剂。地表水中溶解性总固体和硬度相对较低，一般无须进行软化。

海水可以直接利用于印染、制药、制碱、橡胶及海产品加工等行业的生产用水，也可通过海水淡化技术将海水的盐去除而生产饮用水和一般工业用水。目前海水淡化利用技术还存在设备腐蚀严重、电耗高、膜更新周期短、淡水产率低等技术经济问题。

低质水是含有某种成分较高，或者受到污染的地表水和地下水，通过取水构筑物取水后必须经过处理达标后才能使用。由于低质水的化学成分与常规的地表水和地下水不同，因此其处理工艺具有工艺流程较长、处理成本较高的特点。

再生水是将污废水通过深度处理工艺进一步处理后达到使用水质标准的水。目前我国污水处理厂的出水执行《城镇污水处理厂污染物排放标准》（GB 18918—2002），工业废水排放除国家行业已有排放标准外，执行《污水综合排放标准》（GB 8978—1996）。

《城镇污水处理厂污染物排放标准》（GB 18918—2002）根据城镇污水处理厂排入地表水域环境功能和保护目标，以及污水处理厂的处理工艺，将基本控制项目的常规污染物标准值分为一级标准、二级标准、三级标准。一级标准又分为 A 标准和 B 标准，但一类重金属污染物和选择控制项目不分级。一级标准的 A 标准是城镇污水处理厂出水作为回用水的基本要求。当污水处理厂出水排入稀释能力较小的河湖作为城镇景观用水和一般回用水等用途时，执行一级标准的 A 标准；城镇污水处理厂出水排入 GB 3838 地表水Ⅲ类功能水域（划定的饮用水水源保护区和游泳区除外）、GB 3097 海水二类功能水域和湖、库等封闭或半封闭水域时，执行一级标准的 B 标准；城镇污水处理厂出水排入 GB 3838 地表水Ⅳ类、Ⅴ类功能水域或 GB 3097 海水三、四类功能海域，执行二级标准；非重点控制流域和非水源保护区的建制镇的污水处理厂，根据当地经济条件和水污染控制要求，采用一级强化处理工艺时，执行三级标准，但必须预留二级处理设施的位置，分期达到二级标准。

《污水综合排放标准》（GB 8978—1996）根据污染物的性质及控制方式分为两类，称为第一类污染物和第二类污染物。第一类污染物不分级，第二类污染物分为三级。该标准规定，排入 GB 3838 Ⅲ类水域（划定的保护区和游泳区除外）和排入 GB 3097 中的二类海域的污水执行一级标准；排入 GB 3838 Ⅳ类、Ⅴ类水域和排入 GB 3097 中的三类海域的污水执行二级标准；排入设置城市二级污水处理厂的城镇排水系统的污水执行三级标准；GB 3838 Ⅰ类、Ⅱ类水域、Ⅲ类水域中的保护区和 GB 3097 中的一类海域不得排入污水。

可见，处理的污废水出水水质是根据排入纳水体的环境功能确定的，对于非一次设计投产的再生水处理系统，其进水水质即为前段一、二处理后的出水水质，因此其进水水质就是前段处理工艺所执行的排放标准。有时再生水的用途对水质要求较低，或者设计的再生水处理率较高时，污水一、二级处理的出水水质可适当放宽，以体现节能、节药和节水。对于常规处理和深度处理同时设计和建设的处理厂，则可以再生水量和水质为目标，以进厂污废水量和水质为条件优化确定整体处理工艺和各级出水的水质。

（2）水资源的能源利用方式

水资源中蕴藏的能源可通过热交换的方式加以利用。对于地热水，由于其温度一般高于 20 ℃，有的甚至高达 100 ℃，可以直接采暖、发电等。地表水、低温地下水、低质水、污水或者再生水的温度一般低于 20 ℃，但可根据水与环境的温差通过热泵的方式提取能量。有些地下水和工业废热水的温度较高，但其水量和水质还满足城市生活和工业用水，则可以先提取热能后再按一般水资源处理和利用，从而实现了量、质和能的统一利用。

（三）城市水资源利用特点

城市水资源包含地表水、地下水、低质水和再生水等。水源的选择与城市水资源分布情况和充沛程度、人民生活习惯，以及工业行业类型与布局等因素有关。概括起来城市水资源利用具有如下特点。

（1）城市生活用水以地表水和地下水为首选水源。因为常规的地表水和地下水的水质满足或者多数指标可以满足生活饮用水卫生标准，并且这类水符合人们长期养成的日常用水习惯。

（2）工业用水对城市水资源的利用方式是分行业综合利用，相互补充。食品、酒类、纺织、电子产品等对水质要求较高的企业优先使用地表水和地下水；机械、冶金、采掘以及非接触式生产工艺可采用再生水、微污染地表水和地下水等低质水。在同一企业，根据不同的工艺用水对水质要求，也可同时采用几种类型的水；为提高水的循环利用，可采取循环用水，也可采用循序用水。

（3）受污染的地表水和地下水在技术经济合理的情况下是城市重要的水源。目前，对于微污染水的处理技术日趋成熟，这类过去认为是水质性减少的水资源得以高效利用，成为解决城市水资源危机的重要水资源。

（4）高盐度水、高硬度水、高硫酸盐水和含 H_2S 水等低质水，在常规水资源严重缺乏的城市成为解决工业用水的重要途径，但这类水未经处理一般不能直接使用。

（5）跨流域调水是解决城市水资源平衡问题的重要措施，但一般受区域和流域规划、行政管理、水资源许可制度，特别是投资和成本方面制约，实施起来困难较大、周期较长。因此应在当地水资源缺乏优势、限于生产技术和设备水平使水的再生利用率已达极限的情况下方考虑跨流域调水工程为宜。

（6）城市水资源作为资源的内涵包括水量、水质和能量。不同类型的水资源具有不同的内涵，因而取其优势优先利用。如地下热水突出的优势是温度高，但受储存条件和循环条件限制，特别是补给量的影响，其水量较一般的地下水要小得多。多数地热水中含有 H_{2S}、氟化物、放射性物质等严重影响人体健康的化学成分。因此，对于这类水应以水的能源利用为主，以其量和质的利用为辅。对于一些水量水质均能满足城市与工业用水需求的地下热水，则可实现水资源的量、质和能的统一利用。

（7）不论采取哪种城市水资源的利用方式，都应从技术经济方面充分论证，以使水资源真正成为促使城市可持续发展的主导因素。

（8）城市水资源具有自然属性和社会属性，因此取水量和取水方式要受自然和社会的限制。如开采地下水时，其最大开采量不得超过水源地的允许开采量；河流的取水量不得超过其设计径流量和调节量，且要兼顾上下游的用水分配；所有取水均应满足政府行政管理部门的许可，使用后的排水也应符合环境保护的技术和政策要求。

二、城市水资源利用中的问题

城市水资源是支撑城市人民生活和社会发展的重要基础，然而随着城市的快速发展，水资源短缺的矛盾日趋紧张。其原因一方面是城市发展使总的需水量增加；另一方面由于气候因素和人为因素的影响，常规水资源的量在逐渐减少，还有水资源规划和管理的科学性没能充分体现。具体存在以下问题。

（一）城市水资源开发利用方式不当

水资源短缺主要是降水在地域上的分布不均衡造成的，但也与一些城市对水资源的开发利用不当有关。特别是北方城市，由于地表水资源贫乏，水量和水位随季节变化十分明显，因此不得不超量开采地下水，致使城区及城郊区大面积的地下水位持续下降。如太原市在引黄工程投产以前，地下水超采区的面积达 4100 km²（包括兰村泉域、晋祠泉域），严重超采区的面积为 2134 km²，地下水超采量为 $9100 \times 10^4\ m^3$。太原市的三大供水水源地（兰村水源地、西张水源地和枣沟水源地）的地下水水位每年以近 2 m 的速率下降。

（二）城市水体污染严重

我国的工业主要分布在城市及近郊地区。工业“三废”排放使城市地表水和地下水受到不同程度的污染，南方发达城市地表水水质逐年下降，北方城市不仅河水被污染，而且城郊区的浅层地下水也受到了不同程度的污染，使原本短缺的城市水资源因污染而又造成水质性的减少。不少城市因当地水源污染而被迫远距离调水，这不仅增加了供水设施的投资和运营成本，还可能给生态环境带来严重的负面影响。

（三）用水较为单一，水的重复利用率低

由于传统习惯和环境保护政策的贯彻落实不够，一些企业总以传统的地表水和地下水作为主要水源。使用后的污废水不经处理，或者处理不达标就排放，不仅增加了常规水资源的负担，而且污染了环境，形成水资源日趋短缺与水环境不断恶化的恶性循环。此外，一些企业分散分布，受生产工艺、产品用水要求的限制，水只在企业内部循环利用，形不成统一利用再生水的格局，使城市水资源总的循环利用率较低。排出的污水处理率较低，处理后的污水再生回用受技术和经济等条件的限制，一般也只作为生活杂用和环境景观用水，水的重复利用率较低，没能发挥水资源的最大使用效益。

（四）缺乏科学的用水规划

科学合理地利用水资源就要首先对城市水资源的类型和特点有很好的把握，更要了解城市工业用水的要求，从而本着发挥水资源最大效益的目标进行科学的

用水规划。通过规划解决常规水资源与非常规水资源利用的协调问题，尽可能地减少常规水资源的用量，逐渐推广使用低质水和再生水，促进水的良性循环。

（五）用水浪费严重

尽管城市节水已经取得了明显成效，但用水浪费和效率不高的现象仍然十分严重。生活用水器具与城市供水管网的跑、冒、滴、漏现象十分普遍。全国城市供水管网平均漏失率为 12.1%，其中系统内（公共管网）综合漏失率为 13.9%，加上用户的支管渗漏，实际损失达到 20%，个别省市的系统内综合漏失率是全国平均水平的 2 ~ 3 倍，如上海市为 26.2%、海南省为 26.0%、湖南省为 38.9%、陕西省为 39.0%。市政公共用水浪费现象更加惊人，机关事业单位、大专院校、宾馆等的人均生活用水量高达 200 ~ 900 L/d。工业用水效率与国外先进水平相比仍有较大的差距，主要表现在万元产值取水量大，重复利用率低。从国内来讲，不同地区、不同行业和不同企业用水效率的差别也非常悬殊，说明我国的节水潜力是较大的。

（六）供水设施滞后城市的发展

城市供水系统是支撑城市水资源利用的重要基础设施，它的规模应与城市人口、工业布局、社会经济发展等相适应。然而，由于水资源问题、地方经济问题、体制问题等使许多城市的供水系统远远落后于城市的发展，致使水资源供水不足，也导致城市水资源不能得到高效利用。如山西省的供水工程设计年限近期一般为 5 年，远期 10 年，但实际实施时由于缺乏资金多数以满足近期水量而建设。建设周期 2 ~ 3 年，工程建成后需水量也达到了近期的规模，从而导致管网偏小、水压不足等运行问题。当城市集中供水系统不能满足城市需水量的情况下，一些工业企业开采自备水源，从而导致区域地下水位持续下降、水质恶化等环境地质问题出现。许多城市由于资金问题不能专门铺设中水管网，阻碍了再生水的有效利用。另外，分质供水技术是实现水资源高效利用的有效方式，但由于经济原因在我国的绝大多数城市还难以实现。

（七）水资源的能源利用还不普及

地热能是一种天然的清洁能源，在当前空气污染日趋严重、温室效应影响日益显现的情况下，开发利用非化石清洁能源是我国乃至全世界能源利用的主方向。地热水是比较早被利用的非化石能源，用作供暖、发电、温室、大棚农业灌溉等。近年来，随着热泵技术的发展，水中所蕴藏的能源也被开发利用，并且成为当前城市节能减排的重要发展能源利用方式之一。然而，由于地热水受独特构造控制，分布区域有限，加之受循环条件，特别是补给条件的影响，可采取水量较小，而且如果长期超采，水的温度就会下降，因此目前还不能成为城市主要的能源加以利用。热泵技术是近年来发展起来的能源利用技术，还存在效益较低、运行受水温和环境温度影响大而常常不稳定的技术问题，因此，水资源的能源利用还不能普及，但它必将成为今后支撑城市清洁能源供应的主力军。

（八）水处理技术需不断进步

低质水和再生水等非常规水资源一般通过处理达标后才能使用，但限于处理技术和成本居高不下的条件，推广使用这些非常规水资源受到严重的制约，因此，开发低成本而高效的水处理技术和设备是提高水重复利用率的关键。

三、城市水资源高效利用的内容和意义

（一）城市水资源高效利用的含义

所谓城市水资源的高效利用，是指在水源和水源地的选定过程中要统筹考虑、全面规划，正确处理与给水工程有关的各部门的关系；在水源选定及取水工程建设过程中要从技术经济两方面综合考虑，以求合理地综合利用和开发水资源；在水源利用过程中要以水量、水质和能量统一利用为原则，以全面发挥水的特性。

所谓统筹考虑，是指根据当地水资源的类型、充沛程度、分布位置，全面分析城市需水量、用水对象、用水特点的基础上，合理制定城市水资源的利用方式、地表水和地下水的比例、常规水资源和再生水的比例、低质水的利用途径等。

全面规划就是在统筹研究上述水资源供（用）水相关问题的基础上，紧密结合城市总体规划成果，制定城市水资源利用规划，解决现状和规划期内城市水资源的高效利用问题。

城市水资源利用涉及水源、供水系统、用户，还涉及这些资源和工程设施的管理部门，它们组成了一个十分复杂的技术和管理体系。科学合理地协调相互关

系，才能使系统高效运行。其中水源问题是这个复杂体系中的关键，当地水资源的充沛程度直接影响整个城市的供水和用水方式。如常规水资源充沛的城市，其居民生活用水量定额就会较高，缺水的城市必然要加大再生水利用量，严重缺水城市不得不利用低质水，甚至靠区外调水解决城市水资源的供需矛盾。区外调水工程涉及更加复杂的问题，如水资源的流域平衡、行政区域水资源平衡、行政许可、生态环境影响，以及投资运营等。供水系统的合理性和普及程度决定了水资源的利用途径，管网系统的漏损率决定了供水企业的供水效率，也体现了城市水资源的利用效率。用户是实现水资源高效利用的主体，生活用水习惯、工业企业对水量和水质的需求等都会影响水资源的利用方式和效率。因此，必须科学合理地处理好与给水工程有关的各部门的关系。

综合利用和开发水资源就是要根据城市水资源的情况科学制定水资源综合利用方案，调配各种类型水资源的利用比例，不断增大水的重复利用率，以充分发挥水的利用效率。在水源选定及取水工程建设过程中要从技术经济两方面综合考虑，以保护性为前提开发水资源，实现水资源的可持续利用。总之，在水资源危机日趋严重的情况下，城市水资源高效利用的总体原则应该是综合利用优先、科学开发为重，努力做到综合利用与科学开发的统一。

城市水资源具有量、质、能的综合特性，要在水资源利用过程中综合考虑水量、水质和能量的利用，以全面发挥水的特性，为人民生活和生产服务。因此，水资源的能源利用是打破水资源利用传统理念，有效地拓展了城市水资源的基本内涵，对解决城市能源危机、改善环境、造福社会具有重要意义。

（二）城市水资源高效利用要点

城市水资源高效利用具体表现在以下几方面。

（1）城市水资源是一切可为城市生活和生产活动所用的水源，其范畴包括城市及其周围的地表水和地下水、被调来的外来水源、海水、城市雨水、生活与工业再生水、建筑中水、低质水，以及污（废）水等。城市水资源包含空间、属性和使用功能三方面的类型。从空间角度可分为本地水资源和区外水资源，从属性方面可分为地下水、地表水、城市雨水、建筑中水、低质水、再生水、污（废）水等。从满足城市集中式供水水源水量要求角度考虑，城市水资源的主要类型可归纳为地下水、地表水、低质水及再生水四种，低质水主要包括高盐度水、高硬度水、高硫酸盐水和含 H_2S 水，以及受污染的地表水和地下水。

（2）常规地表水和地下水是优先利用的水源，但在城市水危机日趋严重的情况下，城市水资源利用的基本原则是综合利用优先、科学开发为重，努力做到综合利用与科学开发的统一。要根据城市水资源充沛程度、城市水资源的类型、供水系统、用户用水对水量和水质的要求综合利用各种城市水资源，不断提高水的利用效率。

（3）地表水和地下水在利用过程中要以保护为前提。对于地表水，要通过充分论证科学地选定取水口位置，并选取合理的取水构筑物，以高效优质取到设计水量；对于地下水，要在水文地质勘察成果的基础上，科学选择水源地，精心设计取水构筑物，合理布局井群系统、优化取水设备和水井联络，以发挥每个水井的取水效率。同时，必须遵循地下水总开采量小于允许开采量的原则，防止造成地下水衰竭、水质恶化、地面塌陷、地面沉降等不良后果的产生，并要论证防止水源污染的措施。在沿海地区应注意控制过量开采地下水而引起的地下水水质恶化、海水入侵等问题，应尽可能考虑利用海水作为某些工业企业的给水水源。

（4）海水作为特殊的地表水，在淡水缺乏的沿海城市可推广使用，但要解决直接利用和间接利用中的腐蚀、除盐、结垢、海生物影响等关键问题。

（5）区外调水是解决严重缺水城市水资源危机的有效措施，但工程的实施涉及水资源、行政管理、流域平衡、生态环境等因素，而且投资成本较高，因此要充分论证、科学分析、全面规划。要协调同一河流多处取水工程的上下游水量关系；同一河流修建多个调节水库时，要注意协调水库蓄水量及供水量的关系；对于同一水库，要注意城市供水量、养鱼、发电、旅游及生态环境等方面的相互协调，解决城市或工业大量用水与农业灌溉用水的矛盾。

（6）再生水的水源是城市使用后形成的污水，占用水量的 80%左右，水源稳定、水量可靠，是重要的城市第二水源。因此要不断加大再生水的应用领域，努力提高再生水的利用效率。

（7）污水和低质水均不能直接使用，处理技术水平和成本决定着其使用领域和程度。污水再生回用技术和低质水的处理技术是实现城市水资源高效利用的重要保证。微污染的地表水和地下水是潜在的城市优质供水水源，因为微污染水的处理技术已日渐成熟，但严重污染的水源利用还因处理技术和成本因素而面临挑战。

（8）城市水资源具有量、质、能的综合特性，要在水资源利用过程中综合考虑水量、水质和能量的利用，以全面发挥水的特性，实现真正的高效利用。

（9）再生水和低质水利用时可能对人体健康和生态环境产生不良影响，因此要研究这些水利用的环境健康风险，确保安全利用。

（三）城市水资源高效利用的意义

城市水资源是城市发展的重要基础，但随着社会经济发展和人口的增长，城市水资源的供需矛盾越来越突出。在利用过程中存在开发利用方式不当所导致的地下水位持续下降，甚至引发不良环境地质问题的严重后果；存在着城市水体污染严重，使本来缺乏的水资源因污染而造成水资源量的水质性减少；存在着用水种类单一，再生水利用量低，过分依赖地表水或地下水的情况，使水的重复利用率较低，加重了城市常规水资源的供给负担；一些城市缺乏科学的用水规划，供水设施滞后城市的发展，影响水的分类分质供给；由于节水意识不强，用水浪费和跑、冒、滴、漏现象十分严重；特别是水处理技术和处理成本居高不下，制约了对非常规水资源的利用。所有这些问题造成了城市水资源不能合理规划和高效利用的严重问题，从而引发城市水危机的严峻形势。

城市水资源具有自然属性和社会属性，自然属性决定了其固有的资源分布、水量、水质和能量分配的不均匀性，而这种不均匀性如果不能合理调配就无法满足城市用水需求，这就需要通过其社会属性通过科学管理实现高效利用。高效利用的科学性体现在先进的取水技术、输水技术、处理技术、配水技术和技术经济，也包括科学的管理技术。只有从水源利用的各个环节体现科学性，实现水资源的量、质、能的综合利用，自然属性通过社会属性的调节，才能从根本上实现城市水资源的高效利用，这些辩证的理论和技术方法无疑对保护城市水资源、高效利用水资源、全面综合利用水资源、促进社会的可持续发展提供强有力的保障。

第六章　海水资源开发利用

第一节　海水资源概述

一般情况下我们所指的水资源是指“狭义”的水资源，即人类可直接利用的淡水资源。但遗憾的是，地球圈内水总量中淡水只占到2.7%左右，而这部分淡水资源中还有77%左右的水量分布在地球的冰山和冰川中，剩余可被人类真正有效利用的淡水资源数量极低。尤其是我国，被公认为是淡水资源匮乏的国度。

相反，地球圈中水资源量的97.3%左右都分布在广阔的海洋中。根据资料，地球表面积的70.8%为海洋所覆盖，按照其平均深度约为3800 m估算，海水的体积为$13.7 \times 10^{15} m^3$，以其平均密度1.03 kg/L计，海水总体积为$14.11 \times 10^{15} m^3$。在淡水资源极度匮乏的现实局面下，拓宽水资源的内涵，将数量巨大但开发程度低的海水资源进行综合有效的开发利用，这将是解决城市（甚至是内陆城市）淡水资源紧缺的一条重要途径。

根据近年来国家海洋局发布的中国海洋环境状况公报显示，中国部分近岸海域污染严重，海水污染防治刻不容缓。以2012年为例，2012年未达到第一类海水水质标准的海域面积为17万km^2，高于2007—2011年的15万km^2的平均值；渤海符合第一类海水水质标准的海域面积比例已降低至约47%，第四类和劣于第四类海水水质标准的海域面积比2006年增加近3倍。

一、海水保护区

根据我国《海水水质标准》（GB 3097—1997）和环境保护标准GB PB 2—

1999 的要求，我国海水保护的重点区域是：①海洋渔业水域，海上自然保护区和珍稀濒危海洋生物保护区；②水产养殖区，海水浴场，人体直接接触海水的海上运动或娱乐区，以及与人类食用直接有关的工业用水区；③一般工业用水区，滨海风景旅游区；④海洋港口水域，海洋开发作业区。

二、海水污染防治措施

随着生产的发展，开发和利用海水资源活动日益频繁，为有效防止和控制海水水质污染，保障人体健康，保护海洋生物资源，保持生态平衡，从而保证海洋的合理开发利用，必须重视海水的保护。主要措施如下所述。

（1）沿海各省、自治区、直辖市，按照海洋环境保护的需要，规定保护的水域范围及其水质类型。

（2）工业废水、生活污水和其他有害废弃物，禁止直接排入规定的风景游览区、海水浴区、自然保护区和水产养殖场水域。在其他海域排放污染物时必须符合国家和地方规定的排放标准。

（3）在沿海和海上选择排污地点和确定排放条件时，应考虑海水保护区的特点、地形、水文条件和盛行风向及其他自然条件。

（4）加强监督，由沿海各省、自治区、直辖市的环境保护机构负责监督执行。

由于海洋是地球圈水循环中的重要环节，因此，很多时候海洋被作为城市污废水排放的重要受纳水体。国家标准《污水综合排放标准》（GB 8978—1996）中对排入水体的主要污染物浓度分为三个等级，根据受纳水体功能不同，其须达到的排放标准亦不同。其中，也对排入各类功能海域的污水水质作出限定，要求排入《海水水质标准》中规定的二类海域的污水，水质须满足一级排放标准；要求排入三类海域的污水，执行二级排放标准；对于一类海域禁止新建排污口，现有排污口应按照水体功能要求执行污染物总量控制，以保证受纳水体水质符合规定用途的水质标准。

第二节　海水资源开发利用方式及技术

一、海水取水工程

对于海水在水资源社会循环过程中的利用来说，如何将远离陆地的海水取输至利用设施，是整个海水利用工程系统的关键环节。随着淡水资源短缺形势日益紧张，海水资源利用工程的建设量逐年增大。海水取水工程其任务是确保为海水利用系统提供足够的、持续的、适合的源水，取水方式的选择及取水构筑物的建设对整个利用系统的投资、制水成本、系统稳定运行及生态环境都有重要的影响。

（一）取水方式

取水工程采用的方式需要考虑海水利用系统的投资、建设规模、海水利用工艺对水质的要求等因素，需要在对取水海域水文水质、地质条件、气象条件、自然灾害等进行深入调查的基础上，才能进行合理选择。

海水取水方式有多种，目前来说，最常见的分类方式为根据取水头部距岸位置远近，大致可分为海滩井取水、深海取水、浅海取水三大类。通常来讲，海滩井取水水质最好，深海取水其次；而浅海取水则有着建设投资少、适用性广的特点。

海滩井取水是指在海岸线边上建设取水井，从井里取出经海床渗滤过的海水，作为海水淡化厂的源水。通过这种方式取得的源水，由于经过了天然海滩的过滤，海水中的颗粒物被海滩截留，浊度低，水质好，对于反渗透海水淡化厂尤其具有吸引力。

深海取水是通过修建管道，将外海的深层海水引导到岸边，再通过建在岸边的泵房为海水淡化工程供应海水。一般情况下，在海面以下1～6 m取水会含有沙、小鱼、水草、海藻、水母及其他微生物，水质较差，而当取水位处于海面35 m以下时，这些物质的含量会减少20倍，原水水质较好，海水处理工艺中可以大幅减少预处理的负担。同时，深海水温更低，对热法海水淡化工艺有一定优势。

浅海取水是最常见的海水淡化取水方式，虽然水质较差，但由于投资少、适应范围广、应用经验丰富等优势，仍在国内外海水利用工程中被广泛采用。

（二）海水取水构筑物

1. 海滩井取水

是否采用海滩井取水方式关键取决于取水海岸构造的渗水性、海岸沉积物厚度以及海水对岸边海底的冲刷作用。一般认为，当取水海岸地质构造为渗水性较强的砂质构造时，当砂粒渗水率达到 1000 m³/（d・m）以上，沉积物厚度达到 15 m 以上，较为适合采用海滩井取水构筑物。

当海水经过海岸过滤，颗粒物被截留在海底，波浪、海流、潮汐等海水运动的冲刷作用能将截留的颗粒物冲回大海，保持海岸良好的渗水性；如果被截留的颗粒物不能被及时冲回大海，则会降低海滩的渗水能力，导致海滩井供水能力下降。

此外，还要考虑海滩井取水系统是否会污染地下水或被地下水污染，海水对海岸的腐蚀作用是否会对取水构筑物的寿命造成影响，取水井的建设对海岸的自然生态环境的影响等因素。

海滩井取水的不足之处主要在于建设占地面积较大、所取原水中可能含有铁锰以及溶解氧较低等问题。墨西哥 Salina Cruz 海岸的反渗透海水淡化厂，产水规模约为 38 000 m³/d，但其海滩井取水构筑物的占地面积达到 18 000 ㎡以上。同样在 Salina Cruz 海岸反渗透海水淡化厂，其海滩井取水锰含量过高的问题对后续的反渗透工艺产生了较大的影响，而在美国加利福尼亚北部的 Morro Bay 反渗透海水淡化厂则遇到了取水含铁过高的问题。从多个海滩井取水的海水淡化厂运行经验表明，取得原水的溶氧一般低于 2 mg/L（约 0.2 ~ 1.5 mg/L），低溶氧的产水输送到自来水管网或浓水排到自然水体需要考虑当地的相关标准或要求，必要时需进行曝气充氧。

由于能够取到优质的源水，海滩井取水方式对小型反渗透海水淡化厂很有吸引力。嵊山 500 m³/d 反渗透海水淡化示范工程，在海滩建钢筋混凝土深井，底部直径为 5 m，深为 3.7 m，省去了海水澄清（沉淀）沉砂工序。由于受到单井取水能力的影响，当淡化厂规模大于40 000 m³/d时，优势不明显。至2005年，全球仅有4座规模大于20 000 m³/d的海水淡化厂采用了海滩井取水方式，其中规模最大的是位于马耳他的Pembroke反渗透海水淡化厂，其制水量为54 000 m³/d。

2. 深海取水

深海取水方式适合海床比较陡峭，最好在离海岸50 m内，海水深度能够达到35 m。在设定取水深度下设置取水头部，将水引致在岸上或者海上设置的取水井中，再通过干式或湿式安装的水泵动力设施将取水井中海水提升至海水利用设施处。

毫无疑问，如果在离海岸距离较远处才能达到35 m深海水的地区，采用这种取水方式投资巨大，除非是由于工艺特殊要求需要取到浅海取不到的低温优质海水，否则不宜采用这种取水方式。由于投资较大等因素，这种取水方式一般不适用于较大规模取水工程。

美国是全球开发利用深层海水最早且最广泛的国家，因此其海水取水方式多为深海取水方式。尤其是在夏威夷岛区域，为方便进行利用海洋温差发电的研究和生产，修建了若干深海取水构筑物。属于岛国的日本由初期的利用海水温差发电逐渐发展到深层海水的多元加工产业的盛行，使得日本各地均规划和建设有深层海水的取水设施。据不完全统计，截至2008年，日本管辖海域共规划43处深层海水取水设施，其中，已完工并进入运营阶段的有16处。

根据目前情况来看，美国、日本以及我国台湾地区的深海取水构筑物基本均采用陆地型，即取水井及动力设施设置于岸边。设于深海的取水头部与取水井间以取水管路连接。

3. 浅海取水

一般常见的浅海取水形式有海岸式、海岛式、海床式、引水渠式、潮汐式等。

（1）海岸式取水

海岸式取水多用于海岸陡、海水含泥沙量少、淤积不严重、高低潮位差值不大、低潮位时近岸水深度 >1.0 m，且取水量较少的情况。

这种取水方式的取水系统简单，工程投资较低，水泵直接从海边取水，运行管理集中。缺点是易受海潮特殊变化的侵袭，受海生物危害较严重，泵房会受到海浪的冲击。为了克服取水安全可靠性差的缺点，一般一台水泵单独设置一条吸水管，至少设计两套引水管线，并在引水管上设置闸阀。为了避免海浪的冲击，可将泵房设在距海岸 10 ～ 20 m 的位置。

（2）海岛式取水

海岛式取水适用于海滩平缓，低潮位离海岸很远处的海边取水工程建设。要求建设海岛取水构筑物处周围低潮位时水深≥ 1.5 ～ 2.0 m，海底为石质或砂质且有天然或港湾的人工防波堤保护，受潮水袭击可能性小。可修建长堤或栈桥将取水构筑物与海岸联系起来。

这种取水方式的供水系统比较简单，管理比较方便，而且取水量大，在海滩地形不利的情况下可保证供水。缺点是施工有一定难度，取水构筑物如果受到潮汐突变威胁，供水安全性较差。

（3）海床式取水

海床式取水适用于取水量较大、海岸较为平坦、深水区离海岸较远或者潮差大、低潮位离海岸远以及海湾条件恶劣（如风大、浪高、流急）的地区。

这种取水方式将取水主体部分（自流干管或隧道）埋入海底，将泵房与集水井建于海岸，可使泵房免受海浪的冲击，取水比较安全，且经常能够取到水质变化幅度小的低温海水。缺点是自流管（隧道）容易积聚海洋生物或泥沙，清除比较困难；施工技术要求较高，造价昂贵。

（4）引水渠式取水

引水渠式取水适用于海岸陡峻，引水口处海水较深，高低潮位差值较小，淤积不严重的石质海岸或港口、码头地区。

这种取水方式一般自深水区开挖引水渠至泵房取水，在进水端设防浪堤，引水渠两侧筑堤坝。其特点是取水量不受限制，引水渠有一定的沉淀澄清作用，引水渠内设置的格栅、滤网等能截留较大的海生物。缺点是工程量大、易受海潮变化的影响。设计时，引水渠入口必须低于工程所要求的保证率潮位以下至少 0.5 m，设计取水量需按照一定的引水渠淤积速度和清理周期选择恰当的安全系数。引水渠的清淤方式可以采用机械清淤或引水渠泄流清淤，或者同时采用两种清淤方式，设计泄流清淤时需要引水渠底坡向取水口。

(5)潮汐式取水

潮汐式取水适用于海岸较平坦、深水区较远、岸边建有调节水库的地区。在潮汐调节水库上安装自动逆止闸板门,高潮时闸板门开启,海水流入水库蓄水,低潮时闸板门关闭,取用水库水。

这种取水方式利用了潮涨潮落的规律,供水安全可靠,泵房可远离海岸,不受海潮威胁,蓄水池本身有一定的净化作用,取水水质较好,尤其适用于潮位涨落差很大,具备可利用天然的洼地、海滩修建水库的地区。这种取水方式的主要不足是退潮停止进水的时间较长时,水库蓄水量大,占地多,投资高。另外,海生物的滋生会导致逆止闸门关闭不严的问题,设计时需考虑用机械设备清除闸板门处滋生的海生物。在条件合适的情况下,也可以采用引水渠和潮汐调节水库综合取水方式。高潮时调节水库的自动逆止闸板门开启蓄水,调节水库由引水渠通往取水泵房的闸门关闭,海水直接由引水渠通往取水泵房;低潮时关闭引水渠进水闸门,开启调节水库与引水渠相通的闸门,由蓄水池供水。这种取水方式同时具备引水渠和潮汐调节水库两种取水方式的优点,避免了两者的缺点。

(三)输水与排水

海水取水工程与其他水资源开发利用工程相比,除去取水位置所处环境不同外,最大区别在于输送和排放的水体的物理、化学性质。由于输送和排放水体的区别对于所采用的管材会产生较大的影响。

海水是一种复杂的天然平衡体系,是腐蚀性电解质溶液,具有高的盐量、导电性和生物活性。因此海水具有较强的腐蚀性,而其腐蚀过程和现象极其复杂。金属在不同区域的海水环境中腐蚀规律差别很大,在不同因素的多重作用下表现出的腐蚀特征也不同。

国内外对耐海水腐蚀材料进行了大量的研究和开发,可供选用的材料很多,如何结合不同工艺、不同条件和环境特征以及市场供货情况,选择性价比较优的管道材料是海水淡化工程管道设计的首要任务。

目前,海水输送和排放常采用的管材主要有铸铁管、塑料质管道、钢管(含不锈钢管、玻璃钢管),以及混凝土管道等。

在海水取水工程中,往往性价比较高的管材选用方案需要综合考虑性能、经济、使用位置、外部环境等条件后才可以得到。

当采用反渗透等需要原水预处理的利用工艺时，原水中含有溶解氧、各种盐分、悬浮物、水中胶体等，都是管材腐蚀的因素，在耐压强度要求不高、冲击性不大的情况，采用聚乙烯或者钢骨架聚乙烯复合管等塑料质应为首选。其较好的强度、抗冲击、耐磨性，内壁光滑不结垢，有适中的柔韧性，其优越的耐海水腐蚀性是钢管所不及的，而且与 316L 不锈钢、钢塑管相比价格便宜得多。

经原水预处理后，进入低温多效闪蒸、反渗透等处理以后，工艺内操作压力较高，应尽可能采用焊接以减少泄漏点。因此此部分设备中常采用奥氏体不锈钢 316L。316L 不锈钢含铬量 17.5%，耐海水腐蚀性好，而且 316L 含碳量 0.02%，属于超低碳，可有效控制晶间腐蚀。

海水埋地输送段往往需承受埋设管上面的土壤载荷和车辆载荷，同时还要耐海水腐蚀、防污抗藻、耐磨性好，并且耐热抗冻性好。工程中常采用埋地玻璃纤维增强热固性树脂夹砂管道（简称玻璃钢夹砂管）作为海水输送以及浓海水排放的管道。

二、海水直接利用

（一）直接利用范围

海水淡化，是指经过除盐处理后使海水的含盐量减少到所要求含盐量标准的水处理技术。海水淡化后，可应用于生活饮用、生产使用等各个用水领域。自然界海水量巨大，将其淡化将是解决全球淡水资源危机的最根本途径，但目前淡化的成本很高，影响了其广泛应用。

海水直接利用是直接采用海水替代淡水的开源节流技术，具有替代节约淡水总量大的特点。随着科学的进步和经济发展的需要，海水直接利用已成为不可忽视的产业。海水直接利用主要用于两个方面：一是工业生产；二是解决部分生活用水。

将海水作为工业冷却用水历史已久，日本早在 20 世纪 30 年代开始利用海水，到 20 世纪 60 年代海水使用量已占总用水量的 60% 以上。几乎沿海所有企业，如钢铁、化工、电力等部门都采用海水作为冷却水。日本仅电厂每年直接使用的海水达几百亿立方米，到1995年将达$1200\times10^8 m^3$。西欧六国海水年利用量$2000\times10^8 m^3$，美国20世纪70年代末海水利用量达$720\times10^8 m^3$，到2000年左右工业用水的1/3以海水代替。

滨海城市利用海水替代淡水用于生活主要是冲厕，已有40多年的历史。香港立法规定必须使用海水冲厕，否则要追究违者责任。据年资料，香港日需淡水$240\times10^4 m^3$，其中冲厕用水$52\times10^4 m^3$，占总需水量的21%。在冲厕水中，海水用量$35\times10^4 m^3$，占到了65%强。仅冲厕一项每年可节约淡水$1.9\times10^8 m^3$。由此不难看出，随着淡水资源的日益紧缺，海水直接利用不失为沿海城市节约淡水的重要举措。

（二）直接利用方法

海水可代替淡水直接用于以下几个具体方面。

1. 工业冷却水

（1）应用行业

工业生产中海水被直接用作冷却水的量占海水总用量的90%左右。几个应用行业的主要海水冷却对象为：火力发电行业的冷凝器、油冷器、空气和氨气冷却器等；化工行业的吸氨塔、炭化塔、蒸馏塔、煅烧炉等；冶金行业的气体压缩机、炼钢电炉、制冷机等；水产食品行业的醇蒸发器、酒精分离器等。

（2）冷却方式

利用海水冷却的方式有间接冷却与直接冷却两种。其中以间接换热冷却方式居多，包括制冷装置、发电冷凝、纯碱生产冷却、石油精炼、动力设备冷却等。其次是直接洗涤冷却，即海水与物料接触冷却或直喷降温等。

在工业生产用水系统方面，海水冷却水的利用有直流冷却和循环冷却两种系统。海水直流冷却具有深海取水温度低且恒定，冷却效果好，系统运行简单等优点，但排水量大，对海水污染也较严重。海水循环冷却时取水量小，排污量也小，可减轻海水热污染程度，有利于环境保护。

当工厂远离海岸或工厂所处位置海拔较高时，海水循环冷却较其直流冷却更为经济合理。我国现已采用淡水循环冷却的一些滨海工厂，以海水代替淡水进行循环冷却具有更大的可能性。如烟台市1990年提出要全面应用海水循环冷却技术；国内电力系统也有采用海水循环冷却技术的实例。

（3）利用海水冷却的优点

利用海水冷却具有以下主要优点。

①水源稳定。海水水质较为稳定，水量很大，无须考虑水量的充足程度。

②水温适宜。海水全年平均水温 0 ~ 25 ℃，深海水温更低，有利于迅速带走生产过程中的热量。

③动力消耗较低。一般采用近海取水，可减少管道水头损失，节省输水的动力费用。

④设备投资较少。据估算，一个年产 30×10^4 t 乙烯的工厂，采用海水做冷却水所增加的设备投资，仅是工厂设备总投资的 1.4%左右。

2. 离子交换再生剂

在工业低压锅炉的给水软化处理中，多采用阳离子交换法，当使用钠型阳离子交换树脂层时，需用 5% ~ 8%的食盐溶液对失效的交换树脂进行再生还原。沿海城市可采用海水（主要利用其中的 NaCl）作为钠离子交换树脂的再生还原剂，这样既省药又节约淡水。

3. 化盐溶剂

纯碱或烧碱的制备过程中均需使用食盐水溶液，传统方法是用自来水化盐，如此要使用大量的淡水，而且盐耗也高。用海水作为化盐溶剂，可降低成本、减轻劳动强度、节约能源，经济效益明显。例如，天津碱厂使用海水化盐，每吨海水可节约食盐 15 kg，仅此一项每年可创效益 180 万元。

4. 冲洗及消防用水

（1）冲洗用水

冲厕用水一般占城市生活用水的 15% ~ 40%。海水一般只需简单预处理后，即可用于冲厕，其处理费用一般低于自来水的处理费用。推广海水冲厕后不仅可节约沿海城市淡水资源，而且可取得较好的经济效益。

香港从 20 世纪 50 年代末开始采用海水冲厕，通过对一个区域利用海水、城市中水和淡水冲厕三种方案的技术经济分析，最终选择了海水冲厕的方案。目前，每天冲厕海水用量达 35×10^4 m^3，2010 年将达 1.3×10^8 m^3/a，占全部冲厕用水的

70%。同时，从海水预处理、管道的防腐到系统测漏等技术方面均已取得成功的经验，形成了一套完整的管理系统。此外，还制定了一套推广应用的政策，最终实现全部使用海水代替淡水冲厕的目标。

我国北方缺水城市天津市塘沽区，利用净化海水进行了几年单座楼冲厕试验，取得了成功的经验。1996 年已建设 10 000 ㎡居民楼海水冲厕系统，为成片居民小区利用海水冲厕作出了有益的探索。

（2）消防给水

消防用水主要起灭火作用，用海水作消防给水不仅是可能而且是完全可靠的。但是，如果建立常用的海水消防供水系统，应对消防设备的防腐蚀性能加以研究改进。

以海水作为消防给水具有水量可靠的优势。如日本阪神地震发生后，由于城市供水系统完全被破坏，其灭火的水源几乎全部采用的是海水。

厦门博坦仓储油库位于海岸，海岸为岩岸深水港湾，海水清澈透明，取水不受潮汐升落的影响，可采用天然海水作为消防水源。可谓拥有一座无限容量的天然消防水池。油库自 1997 年投入运行以来，消防输水干管 24 h 管内满水充压待命，每月定期进行一次消防演习，以确保发生火情时投入正常运行。该消防设施完全能够保障油库区和码头的防火要求。管道设备防腐和防海生物效果很好，检修设备解体时，管道内无发现海生物附着结垢及锈蚀现象，管内光洁如新。

5. 除尘及传递压力

（1）除尘用水

海水可作为冲灰及烟气洗涤用水。国内外很多电厂即用海水作冲灰水，节省了大量淡水资源。我国黄岛电厂每年利用海水 6200×10^4 m^3，冲灰水全部使用海水。

（2）液压系统用水

传统的液压系统主要用矿物型液压油作介质，但它具有易燃、浪费石油资源、产生泄漏后污染环境等严重缺点。它不宜在高温、明火及矿井等环境中工作，特别不适宜于存在波浪暗流的水下（如舰艇，河道工程，海洋开发等）作业，因此常采用淡水代替液压油。

利用海水作为液压传动的工作介质，具有如下优越性：①无环境污染，无火灾危险；②无购买、储存等问题，既节约能源，又降低费用；③可以省去回水管，不用水箱，使液压系统大为简化，系统效率提高；④可以不用冷却和加热装置；⑤海水温度稳定，介质黏度基本不变，系统性能稳定；⑥海水的黏度低，系统的沿程损失小。

海水液压传动系统由于其本身的特点，能很好地满足某些特殊环境下的使用要求，极大地扩大了液压技术的使用范围，它已成为液压技术的一个重要发展方向。在水下作业，海洋开发及舰艇上采用海水液压传动已成为当前主要发展趋势，受到西方工业发达国家的高度重视。十多年来，他们一直在进行海水液压传动技术的研究工作，并开始进入实用阶段。

可采用海水水压传动的主要领域有：①水下作业工具及作业机械手；②潜器的浮力调节；③代替海洋船舶及舰艇上原有的液压系统；④海洋钻探平台及石油机械上代替原有的液压系统；⑤海水淡化处理及盐业生产；⑥热轧、冶金、玻璃工业、原子能动力厂、化工生产及采煤机械；⑦食品、医药、包装和军事工业部门；⑧内河船舶及河道工程。

6. 海产品洗涤用水

在海产品养殖中，海水被广泛用于对海带、鱼、虾、贝类等海产品的清洗。只需对海水进行必要的预处理，使之澄清并除去菌类物质，即可代替淡水进行加工。这种方法在我国沿海的海产品加工行业已被广泛应用，节约了大量淡水资源。

7. 印染用水

海水中含有的许多物质对染整工艺起促进作用。如氯化钠对直接染料能起排斥作用，促进染料分子尽快上染。由于海水中有些元素是制造染料引入的中间体，因此利用海水能促进染色稳定，且匀染性好，印染质量高。经海水印染的织物表面具有相斥作用而减少吸尘，使得穿用时可长时间保持清洁。

海水的表面张力较大，使染色不易老化，并可减少颜料蒸发消耗和污染，同时能促进染料分子深入纤维内部，提高染料的牢固度。海水在纺织工业上用于印染，可减少或不用某些染料和辅料，降低了印染成本，减少了排放水中的污染物，因此海水被广泛用于煮炼、漂白、染色、漂洗等生产工艺过程。

我国第一家海水印染厂于1986年4月底在山东荣成县石岛镇建成并投入批量生产。该厂采用海水染色的纯棉比淡水染色工艺节约染料、助剂30%～40%。染色的牢度提高二级，节约用水1/3。

第三节　海水资源开发利用中的问题及对策

一、海水对构筑物及设备的危害

海水因其特殊的水质和水文特性，以及生物繁殖场所等，会对用水系统的构筑物和设备造成一些危害，主要有以下几方面。

（1）海水为含盐量很高的强电解质，对一般不同金属材料有着强度不同的电化学腐蚀作用。

（2）海水对混凝土具有腐蚀性，因此对构筑物主体会产生不同程度的破坏作用。

（3）在加热的条件下，海水中Ca^{2+}、Mg^{2+}等构成硬度的离子极易在管道表面结垢，影响水力条件和热效率。

（4）海水富含多种生物，可造成取水构筑物和设备的阻塞。如海红（紫贻贝）、牡蛎、海藻等大量繁殖，可造成取水头部、格网和管道阻塞，而且不易清除，使管径缩小，输水能力降低，对取水安全构成很大威胁。

（5）潮汐和波浪具有很大的冲击力和破坏力，会对取水构筑物产生不同程度的破坏。

二、海水用水系统防腐

（一）选用耐腐蚀材质

合理选用海水用水系统中箱体和设备的材质，对防止腐蚀有决定性影响。

（二）防腐涂层

金属表面常用的防腐涂层有涂料和衬里两种类型。涂料材质有富氧锌、酚醛树脂、环氧树脂、环氧焦油或沥青、沥青等涂料或硬质橡胶、塑料等，衬里材质主要有水泥砂浆、环氧树脂等。

（三）电化学防腐

1. 牺牲阳极法

在被保护的金属上连接由镁、铝、锌等具有更低电位的金属组成阳极，在海水中被保护金属与阳极之间形成电位差，金属表面始终保持负电位并被极化，使金属不致腐蚀。这种方法只适用于小表面积且外形简单的金属物体防腐。

2. 外加电源保护法

将被保护金属同直流电源的负极相连，另用一辅助阳极接电源正极，与海水构成回路，使被保护金属极化不致腐蚀。

（四）投加缓蚀剂

在使用的海水中加入缓蚀剂，可在金属表面形成保护膜，起到抑制腐蚀的作用。缓蚀剂有无机物和有机物两类，常见的无机缓蚀剂有铬酸盐、亚硝酸盐、磷酸盐、聚磷酸盐、钼酸盐及硅酸盐等；常见的有机缓蚀剂有有机胺及其衍生物、有机磷酸酯、有机磷酸盐等。

（五）除氧

去除海水中的溶解氧也是防腐措施之一，除氧的方法一般有热力除氧、化学除氧、真空除氧、离子交换树脂除氧等。

三、海水用水系统阻垢

阻垢方法主要有酸化法、软化处理法和投加阻垢剂法。酸化法通过降低水的 pH 和总碱度减少结垢；软化处理法是通过软化工艺减少海水中钙、镁离子含量以达少结垢的目的；投加阻垢剂法是向使用的海水中投加如羧酸型聚合物、聚合磷酸盐、含磷有机缓蚀阻垢剂等，以抑制垢在管道等金属表面的沉积。此外，通过增加管壁光洁度，减少管道摩擦阻力等方法，也可起到一定的阻垢作用。

四、海生物防治

（一）投加消毒剂

氯可杀灭海水中的微生物，可有效地防治所有海生生物在管道和设备上的附着。对于藻类，可间歇投氯，剂量约 3 ～ 8 mg/L，每日 1 ~ 4 次，余氯量宜保持在 1 mg/L 以上，持续时间 10 ～ 15 min。对于甲壳类海生生物，在每年春秋两季连续投氯数周，剂量为 1 ～ 2 mg/L，余氯量约保持 0.5 mg/L。当水温高于 20 ℃时要不间断地投氯。

为保护海洋环境，应限制过度使用氯消毒剂，可用臭氧代替，除具有防治海生物大量附着外，还有脱色、除臭、降低 COD、BOD 等功效。但臭氧处理费用较高，难以推广应用。

（二）电解海水

电解海水可产生次氯酸钠，它对海水中微生物同样具有杀灭功效。一般连续进行，余氯量约为 0.01 ～ 0.03 mg/L。

（三）窒息法

封闭充满水的管路系统，使海生生物因缺氧及食料而自灭。主要用于防治贝壳类海生生物。此法简单易行、耗费少、效果好，但需使管路系统停止运行，可能影响生产。

（四）热水法

贻贝在 48 ℃的水中仅 5 min 即被杀灭。在每年 8—10 月份，隔断待处理的管段并向其中注入 60 ～ 70 ℃的热水，约 30 min 后即可用水冲刷贻贝残体，清洗管路，即可清除贝类海生物。

（五）防污涂料法

在管壁上涂以专用防污涂料，可防止海生物的繁殖。

五、海水的热污染防治

海水淡化工艺排放的浓水以及利用海水作为冷却水系统冷却水，会排入附近海域。排入海洋的废水中伴随着一定的热量排放，这会对海洋环境造成一定的热污染。一般认为，在亚热带海域 30 ℃是许多水生生物能够承受的上限温度，特别是对海洋生物的幼虫而言。而海水淡化 RO 系统浓盐水排放温度比环境温度高

3 ~ 5 ℃，而热法海水淡化排放浓盐水的温度比环境温度高 3 ~ 15 ℃。过高的排放温度可能直接影响海洋生物的生长和繁殖，改变海洋生物的生理机能，并影响其产卵、生长及幼虫孵化能力。从而可能导致严重的生态破坏，改变天然海洋生态系统的分布、构成与多样性。此外，海水温度的上升也影响海水水位、溶解氧含量等参数，间接对海洋生物和水质产生不利影响。

针对海水热污染的情况，应注意以下问题。

（1）在淡化工艺或海水冷却工艺设计的同时，应考虑对温排水中热量的回收利用。海水淡化装置选址应在离发电厂近的且废热能同时利用的地方，以充分利用低成本的低品位废热，并可结合热泵系统的应用提高低品位热源品质，实现废热的回收利用，节约能源。

（2）排水口选址和设计能够具有充足的混合速率和淡化体积来最小化不利冲击，排水口应向开放性海域排放，而不要开向封闭的河流或者其他区域排放。

第七章　水资源的能源开发利用

第一节　工业废热水开发利用

一、工业废热水的产生

（一）工业余热及热废水来源

“工业余热”是指完成工业生产过程的同时，未完全被利用而排放至周边环境中的部分热量。在现代工业生产的诸多行业中，存在着许多利用高温过程进行生产的环节，例如高温灭菌、高温锻造、高温发电等。

按照余热的来源来看，一般情况下，工业余热主要分为冷却余热、烟气余热、燃料渣体余热、产品显热、冷凝水余热等种类，其中冷却余热根据工业生产工艺采用冷却介质的不同，又主要包括水冷余热和风冷余热。对于水资源中能源的高效利用来说，主要针对都是水冷余热和冷凝水余热。

按照热资源温度的高低，余热被分为三个等级：大于 650 ℃的属于“高温余热”；处于 200 ~ 650 ℃的属于“中温余热”；低于 100 ℃的液体余热或 200 ℃的气体余热都被称为“低温余热”。

对于我们所针对的水资源中能源利用的研究对象来说，均属于低温余热。对于在工业生产过程中，因为无余热回收设备或者回收难度相对较大而直接或者间接排放的带有热量的废水，我们称之为“工业废热水”。

工业废热水的产生在工业生产工艺中是一个普遍现象。在我们工业生产过程中，除了产品生产工艺中直接产生的带有温度的废水外，产品或生产机械中也常常会残留部分废热，如不及时进行处理的话，产品或生产机械内的温度会越来越高，从而产生不可逆的破坏，因此常采用低温流体进行降温。由于水具有较大的比热容且外形可塑，是吸收和传递热量的良好介质，它成为目前在各行各业中使用最为普遍的循环冷却介质。通过低温水体与高温物体的循环接触进行热交换带走热量，在达到产品或生产机械降温目的的同时，也产生了大量的含有一定热量的废水。

（二）热废水排放的危害

除去由于行业特征所导致的热废水的不同化学污染物外，工业热废水排入环境将可能对自然环境产生热污染，从而引发不容忽视的环境问题。

“热污染”是指人类社会工业、农业生产和人民生活中排放出来的废热造成的环境污染。工业废热水的较高温度若未经适当处置直接排放入环境，构成了典型的以水为载体的热污染。

水热污染波及范围相对较小，其受污染主体是热废水排放的受纳水体。据资料表明，现代工业发达的美国，每天所排放的冷却用水达到 4.5×10^9 m³，接近其全国用水量的 1/3，这些废热水含热量约 2500×10^9 kcal，足够 2.5×10^9 m³ 的水温升高 10 ℃。

当含有大量废热的热废水排入地表水体后，导致局部水域的水温急剧升高，除了对温度、溶解氧等水质指标产生影响外，也改变受纳水域藻类、鱼类等生物的生活条件。

水温升高加剧了水中富营养化藻类的生长，间接使得水中溶解氧含量减少；而温度升高又使水中鱼类的代谢速率增高，从而需要更多的氧。此消彼长，使得鱼类在热应力作用下发育受到阻碍，甚至很快死亡。美国迈阿密附近的比斯坎湾有 1/2 以上的水域和礁石为国家保护地，湾内有丰富多样的热带海洋生物，但由于受到湾内核电站温排水的影响，湾内局部水域水温提升了 8 ℃，造成 1.5 km² 海域内生物绝迹。

热污染造成海水升温、冰川消融、海平面上升、诸多物种濒临灭绝的同时，由于温度上升，也为蚊子、苍蝇、蟑螂、跳蚤等传染病昆虫及病原体微生物提供了更适宜的繁衍条件和传播机制，导致疟疾、登革热、血吸虫病等病毒病原体疾病的扩大流行和反复流行。

从以往的环保理念来看，人类更为注重污水排放对环境带来的水质污染，制定了严苛的污染物排放标准，但是对于含有大量热量的废热水弃置于环境可能带来的热污染相对较为忽视。在我国，《污染物综合排放标准》（GB 8978—1996）以及其他相关行业污染物排放标准中都未对排放水体的温度进行限定。

但随着全球环境保护意识的提升和要求的提高，废热水排放带来的生态环境影响已经引起重视。全球研究人员都对水热污染及其影响进行了多方面的研究，并逐步开始制定废水排放的温度标准。美国、德国、瑞士等国家均采用以不同流域最高允许升温幅度为界限，制定混合前的废水温度排放标准。

近年来，我国也开始重视废水排放温度标准的制定，但还不完善。我国的《地表水环境质量标准》（GB 3838—2002）中规定，对于Ⅰ～Ⅴ类水体人为造成的环境水温变化：周平均最大温升≤ 1 ℃；周平均最大温降≤ 2 ℃。但相关的规定仅在影响强度上对水温作出了要求，但对于混合区影响范围尚未有具体的限制。

另一方面，根据我国建设项目环境影响评价技术导则的要求，在以温排水为污染物排放特征的工程项目实施前，应针对不同地表水体采用水质模型对设定范围内的影响强度进行预测，对项目实施可能造成的影响进行预测，并提出针对性的环境保护措施。

在环境质量标准限定影响强度的同时，在主管部门的牵头组织下，我国相关水域也在逐步制定废水排放的温度限制标准。相关排放标准的出台，将会使废热水排放受到更大约束。

二、工业废热水的能源特点

相对于煤炭、石油、天然气等含有用成分比较高的高品位能源来说，工业热废水为代表的工业余热是不折不扣的低品位能源，其在相同单位中内包含的能量很低，利用的难度比较大。

考虑到工业废热在工业消耗总能量中所占的较大比例，以及以水作为工业冷却介质在工业行业中的普遍性，因此，低品位的工业废热能，特别是工业废热水的开发利用，将是改变我国现状能源利用粗放格局中的关键环节。再加上工业废热水中的热能如未加利用排入周边环境将带来巨大环境风险，在考虑投入产出比前提下进行充分利用，将大大提高环境保护的附带经济效益，这也应当成为节能减排之外，驱动工业热废水利用的一大原因。

虽然不同工业企业，使用的生产工艺、生产设备以及运行参数不同，但是作为工业余热的代表类型，工业废热水利用普遍具有以下的特点。

（一）余热温度偏低

废热水以水为余热载体，余热温度范围 30 ~ 100 ℃，属于低温热源。相比较中高温热源，低温热源热效率相对较低，无法直接回收利用产生动力。由于余热温度低，传递一定热量所需的废热水的流量相对较大，所需要的换热器尺寸也相对较大，因此回收利用一次性投资较大，这也成为现阶段废热水能源利用的制约要素之一。

（二）废热水热量不稳定

虽然很多生产企业能够达到连续稳定生产，但由于连续生产也存在着生产的波动和周期性，因此导致产生的工业热废水中热量负荷不稳定。

（三）废热水水质复杂

废热水在循环使用的过程中，无论是敞开式的循环工作环境，还是与高温物体直接或间接的接触，都会对排出的废热水水质产生影响。当废热水中的含尘量较大时，可能造成余热利用设备堵塞、磨损；当废热水与矿渣接触时，水中含有钙离子、镁离子等物质，容易使余热利用设施结垢；当废热水中溶解有二氧化硫等腐蚀性介质时，会导致余热利用设备发生腐蚀，影响传热效果，减少设备使用寿命。

（四）余热使用设备受场地限制

废热水余热利用设备的设置和安装容易受到工业厂房和生产工艺流程条件的限制。对于余热利用来说，废热水至利用设施流程越短温度利用条件越好，但往往由于场地条件复杂无法安装设备。这需要根据具体条件，合理设定方案。

三、工业废热水的能源利用

基于工业废热水的能源利用特点，工业废热水的能源利用方式主要包括：直接同级利用、间接升级利用。

（一）直接同级利用

工业废热水余热资源相对温度较低，适合不通过热交换提取能量，直接将温度合适的废热水使用于需要温水的场合；或者通过将温度较高的废热水与低温水体混合，使水温满足特定行业的需求。

目前使用较多的直接利用方式包括：直接用于水产、农业生产；直接用于采暖；直接用于污水处理厂；用于海水淡化行业等。

1. 直接用于水产和农业生产

工业废热水在水产行业的应用是热废水综合利用的最早尝试之一，而且已逐渐形成规模化应用。

根据动物学研究表明，水生动物在水温较低条件下生长速率相对较慢。在气温较低的高纬度地区，采用温度较高的水体进行养殖，可减少或完全排除养殖过程对于自然环境和季节时间的依赖性。既拓宽了水产养殖行业的生产时间和品种范围，又促进鱼类生长速度，增加单位水域水产产量。如采用温泉或者人工加热水体养殖成本太高，因此使用满足水质要求的热废水进行水产养殖，既减少排入环境的热污染，又提高了企业的经济效益。

20 世纪 60 年代初，日本仙台火力发电厂就开始利用电厂温排水进行水产养殖，取得了良好的效果后，经验推广至全国电厂。之后，日本的核电站也尝试利用温排水在海湾进行海生动物的温水养殖，并成为世界各国效仿的对象。

20 世纪 70 年代，苏联也制定了利用电厂废热水饲养鱼类的方案，并在全国范围内推广。通过在电厂旁修建 3 m × 7 m、水深 1 m 的钢筋混凝土水池，利用电厂温排水进行养殖，冬季池体表面覆盖聚氯乙烯薄膜保温。通过对比试验，在使用相同放养密度和强化培育手段的前提下，水温控制在 27 ℃时，其产量较常温水体养殖有明显提高。除养鱼外，电厂还利用废热水养殖蘑菇，也收到不错效果。

我国齐齐哈尔富拉尔基杜尔门沁达斡尔乡利用富拉尔基热电厂含有余热的冷却水进行水稻灌溉，既利用了热水资源，又通过旱田改水田提高了亩产量。实践发现，利用常年水温 28 ℃的废热水灌溉，使得水稻早播早收，成熟期提高了 10 天左右，亩产量提高约 20%。

但近年来的研究成果也表明，使用工业废热水进行养殖时，应当对废水内的有毒有害物质进行必要处理，防止其在生物体内累积放大，对食用者健康造成影响。同时，采取开放水域养殖时，也应当注意水温上升对周边环境的影响。

2. 直接用于采暖

当工业废热水水量稳定、温度较高，满足城市供热的水温要求时，可通过热水泵加压，直接供入水热采暖系统进行供热。

近年来工业废热水直接用于采暖的实例在我国北方地区出现较多，一些钢铁企业利用焦化厂初冷循环水余热，进行较大范围的集中供热，取得了良好的效果。焦炉煤气生产工艺中的初冷环节采用水作为冷却介质，流出冷却装置的冷却水温度可达到 50 ～ 55 ℃，通过加压后，直接供入热力管网进行循环供热。以本溪、鞍山等城市为例，利用这种废热水直接供热的建筑面积超过 120×10^4 ㎡。

该方法在使用过程中需要生产工艺可提供较为稳定的热水温度和相对较大的水量，当水温不稳定时宜采取辅助热源加热的形式保证供热温度。一般情况下，未经辅助加热的热废水水温要低于我国《民用采暖空调设计规范》中规定的供热供水水温，这使得在同样的设计室内温度下，居民户内散热器面积相对增大。当废热水温度在 35 ～ 50 ℃时，满足《辐射供暖供冷设计规程》中民用建筑热水地面铺设供暖的供水温度要求，非常适宜作为地板辐射散热器取暖的集中热源。

采用直接用于采暖供热的利用方式后，其供热管网回水温度往往仍然高于环境水温，属于一次利用后的低品位热源，仍然可以串联其他利用设施以最大程度利用余热资源。

3. 直接用于污水处理厂

随着城市环保设施日渐普及，由污水处理后形成的剩余污泥的处置问题，也成为困扰环保工作者的一个难题。传统的填埋、焚烧和土地利用法由于存在着对环境二次污染的可能，因此通过合理技术实现污泥减量化、资源化和无害化成为研究人员的重要课题。污泥厌氧消化减量是最常见的污泥预处理方法，根据消化温度，可分为常温厌氧消化、中温厌氧消化和高温厌氧消化。

科研人员的研究发现，当厌氧消化温度控制在 28 ～ 38 ℃的中温或 48 ~ 60 ℃的高温时，其消化时间可由常温条件下的 150 天以上缩短至 12 ~ 30 天之内，而且厌氧反应容器体积也将大大减小。但在中高温厌氧消化工艺相对于常温最大的劣势就在于加温、保温所带来的能源的高投入。

近年来，一些研究人员将工业热废水引入污水处理厂，直接同级利用热废水的余热对厌氧消化预处理工艺进行加温，即利用了热废水的余热能源，同时降低了污泥厌氧中温消化的成本。热废水在通过污泥厌氧反应器降温后，可作为污水处理厂内其他建筑制冷的冷源；同时厌氧发酵形成的燃气可作为污水处理厂或工业热废水产生单位的动力能源使用。这样形成了污水处理厂和工业热废水产生单位的节能减污联合综合利用体系。在此环节中，当需要高温消化污泥时，也可使用水源热泵间接升级利用热能。

在北方低温地区，当污水厂内生物处理构筑物进水的水温达不到适宜的 10 ～ 37 ℃时，对进水的预热也成为热废水可使用的场合。

受制于余热热源与污水处理厂位置较远，热废水输送至污水厂运送和保温的投资较高，热废水余热直接同级利用于污水处理厂的推广应用较为缓慢。近年来，越来越多的研究人员，利用污水水源热泵提取污水热能，对污泥厌氧消化反应器进行加热，同样形成合理的资源综合利用体系。

4. 用于海水淡化行业

蒸馏法海水淡化工艺，就是利用热能把海水加热蒸发，蒸汽冷凝为淡水。常用的蒸馏海水淡化包括两种方式：多级闪蒸和低温多效蒸馏。其中，低温多效蒸馏是把海水在真空蒸发器内加热到 70 ℃左右时蒸发，产生的蒸汽作为加热下一个蒸发器内海水的热源，同时蒸汽遇冷变成淡水。蒸馏法海水淡化所需的热能是制水成本中的主要消耗，而低温多效蒸馏所需的热源温度较低，给了热废水余热直接同级利用的可能。

低温多效蒸馏海水淡化具有可利用工厂余热或低品位热源的优点，应在具有低品位余热可利用的电力、石化、钢铁等企业推广，产水可为厂内生产工艺提供锅炉补给水和工艺纯水。环境保护部华南环境科学研究所等单位联合对高炉渣冲渣水余热直接利用低温多效蒸馏进行了可行性论证，高炉渣冲渣水温度处于 75 ~ 95 ℃之间，可直接用于低温多效蒸馏海水淡化。如果将沿海钢铁企业高炉渣冲渣水的余热回收作为海水淡化的热源，海水淡化综合成本能降低 20%以上。

（二）间接升级利用

在提倡余热利用的初期阶段，直接利用是废热回收的主要途径，但其缺陷在于直接利用用户需求量相对较小，热源稳定性相对较差。因此，利用热泵技术将低位余热升级为高位热能，拓宽其适用范围，提高利用效率。

一般来说，工业废热水余热回收利用系统主要由热源循环系统、热泵机组以及末端系统三部分组成。

1. 热源循环系统

热泵机组热源侧设有热源循环系统，它提供动力使工业废热水进入热泵机组，完成换热过程后，排放水体或再次进入工业生产工艺中循环使用。

热源循环水泵的流量应以所有热泵机组的总流量确定。循环水泵的扬程应为系统所需静扬程、管路的沿程和局部损失以及热泵机组内的阻力损耗。当热泵机组出水再次循环使用时，也应当根据情况将循环使用所需的服务水头纳入考虑之中；并且，应当提高循环水泵的备用率，以防止因为故障影响生产工艺的进行。

一般情况下，由于工业的生产工艺中都会对用水进水水质有严格的要求，而且当工业用水为循环使用时，生产工艺会设有水质处理设施，保证用水水质。因此，当热废水水质能够满足热泵机组的水质要求时，余热利用系统中，可不设水处理设施。

进入热泵机组的水质应达到浊度低、腐蚀性小、不结垢、不滋生微生物，且要水质稳定。我国现行的相关标准中尚未有对热泵机组进水水质的专业规范，实际工程中可参照《矿产资源工业要求手册（2010版）》中的地源热泵建议水质要求，也可以参照《工业循环冷却水处理设计规范》（GB 50050—2007）中的要求进行。同时也要注意的是，不同材质的机组其进水水质可不同，如设备有相关的进水要求，应以设备要求为准。

如工业生产工艺中未设置水处理过滤器，可在热水进入热水池前或者热源循环水泵后设置相关的水处理器。工业废热水中的悬浮物和浊度较多时，可对热泵机组内部材料形成磨损和冲刷，加快设备的腐蚀，因此可设置旋流沉砂器或过滤器进行去除；当废热水中含有油污时，可进行吸附或过滤，将油污量进行控制；当废热水中氯离子、硫酸根离子较高时，可采用防腐蚀材料的特殊机组，或者在热泵机组前再增设一个换热器，通过水或其他中间介质将热水中热量引入机组。

2. 热泵机组

工业余热回收系统中的热泵机组回收热量时，往往会遇到的情况是热源温度较低，但水量相对较大，利用热源的目的是产生少量的较高温度的热量。此时，热泵机组选择的类型多为增温型吸收式热泵。

增温型吸收式热泵使用的工质为 $LiBr-H_2O$ 或 NH_3-H_2O，其输出的最高温度不超过 150 ℃。升温能力一般为 30 ~ 50 ℃，制热系数较增热型吸收式热泵低，一般为 0.4 ~ 0.5。

3. 末端系统

末端系统具体形式由工业生产工艺或建筑物内部的制冷形式决定。由热泵系统传递来的能量由末端系统传送给用户。工业废热水回收系统中，末端制热 / 制冷装置多采用空调、水暖等形式。

当末端系统服务范围较大时，特别是作为大片区集中供热热源时，多采用水热形式的暖气片或地板辐射采暖。以太原钢铁集团为例，2013 年冬季太钢集团 4350 m^3 高炉的冲渣水余热回收利用系统正式投产，其利用热泵技术从冲渣水中提取余热，并与太原市城市的热力管网对接，为太原市北部尖草坪区 200 多万 m^2 的居民住宅的水暖提供热源。在系统成功运行后，该集团还正在将该技术复制应用于其余高炉。

第二节　污水热源开发利用

一、污水热量的产生

城市污水一般是指由城市排水管道系统集中收集起来的污水。城市排水管道体系中不仅包括了住宅、公共建筑等处的生活污水，也包括了城市范围内排入下水管道的工业污水。如果所处城市的排水管道体制为合流制时，还应当包括初期的雨水径流量。

对于工业企业产生的污废水中，由生产工艺、生产杂用（如设备清洗、厂区清洗等）、工业区生活污水（如淋浴、食堂、冲厕等）等环节产生的污水，需要经过预处理后排入城市市政排水管道收集至污水处理厂统一处理，或者经厂区污水处理系统处理直接排放。这部分污水纳入城市污水的管理范畴内。而由于“节能减排”的原则要求，一些工艺过程中产生的废水（如间接冷却水等），都设置循环使用系统进行回收利用，污染程度小的直接排放，因此一般不纳入城市污水范畴。

2019 年，我国城市污水排放量为 5 546 474 万 m^3。在全球水资源危机的背景下，这部分数额巨大的水量，早已经被认为是潜在的“第二水源”，许多国家和地区的总体规划中都对污水处理回用进行统筹，以再生回用水缓解水资源的紧张局面。污水资源化，对于解决全球水资源危机具有重要的战略意义。

现阶段对于污水资源化的概念解释中，除了在“量”“质”方面具有广阔的应用前景外，对于从“能”角度的阐述，也拓宽了污水资源化的内涵外延，使水资源危机和能源危机在污水综合利用这一过程中得到缓解，也使得污水利用的程度得到提升。

对于污水资源，从“量”角度的利用来看，污水经过适当处理再生后，已经可回用于工业生产、农业灌溉、景观用水、生态恢复、建筑中水、生活杂用等人类社会的方方面面。从“质”的角度来看，污水中所携带的金属离子、无机非金属离子（如酸、碱类物质等）、有机质（如油类或其他有机成分等）等污染物质，通过物理、化学、生物处理工艺，都可以回收利用变废为宝，从排弃物变为资源的同时，减少了环境的污染。甚至是污水处理产生的污泥，都可在堆肥、建材制造、发酵产气等方面得以资源化。但是，从“能”角度的利用来看，虽然已经起步，但其重视程度还远远不够。

在水的社会循环过程中，城市污水的产生过程，实际上也伴随着人类社会的能源消耗。我国是世界上仅次于美国的能源消费大国，据国家统计局核算数据，2010 年我国全国能源消费总量约为 32.5×10^8 t 标准煤。而无论是居民家居中的能量消耗，还是工业企业中制热、制冷的能源消耗，城市中消耗的能量大部分最终被作为废热的形式进入到大气圈或者地表水环境中。除去部分工业废热水外，以水为载体的余热排放流体绝大部分温度均在 50 ℃以下，虽然属于典型的低位能源，但由于总体积巨大，因此所赋存的热能总额是非常可观的。

在这些以水为载体的低温余热能源中，城市污水是非常便于开展较大规模集中利用回收热能的种类。城市污水水温处于 5 ~ 35 ℃之间，每日水量相对稳定，而且最难能可贵的是日益完善的城市排水系统可将水体收集输送至集中处置地点，而通过处理构筑物后的水体，可完全满足水源热泵水源的水质要求。

二、污水热源的特点

城市污水是污水能源利用的主体对象，不考虑对其“量”“质”方面资源特性的利用，单纯就城市污水的热能特性利用来说，城市污水热源具有以下的特点。

（一）水量相对稳定且便于集中

城市污水热源主要为排入城市排水管道的生活污水和经过预处理的工业污水。现阶段，我国越来越多的城市在排水系统设计时均采用了分流制，而当现状排水系统尚为合流制时，还应当在水量中考虑初期雨水量。由于居民生活的规律性和工业生产的稳定性，排入城市污水水量相对较稳定。

城市污水可通过日益完善的城市排水管道收集至处于城市排水体系末端的污水处理厂。将原本分散的小量热源集中起来统一利用，使得污水热源可进行规模化集中利用，进一步提升资源综合利用的经济性。

污水水量应以污水厂前干管实测资料进行统计计算。当城市排水系统处于规划、设计阶段时，可根据排水工程相关设计规范对污水量进行估算，以满足热能回收利用系统同期设计需要。

（二）全年水温变化幅度小且冬暖夏凉

相比较于气源热泵和地表水源热泵的热源大气和地表水来说，城市污水水温的全年变化幅度要小很多，这使得污水水源热泵系统的工作状况更加的稳定。

以尹军等的研究成果作为参考，日本东京地区大气和河水在冬季和夏季的温差均在 20 ℃左右，而其城市污水的温差只有 12 ℃；而且不但温度变化幅度小，与河水水温和气温相比，城市污水水温在冬季最高、夏季最低，名副其实的冬暖夏凉。

在我国科研人员对北京、重庆等地的气温、地表水温以及城市污水水温的调查研究中，也均获得了和日本东京相似的规律：冬季污水厂出水温度比环境温度可高出 20 ℃左右，夏季出水温度较环境温度低 10 ℃以上。冬暖夏凉、温度恒定的特点也使得热泵空调系统制冷制热工作更加的高效、节能。

（三）应用方式拓宽、利用效率渐高

相对于煤炭、石油、天然气等高位能源来说，城市污水热源均为 50 ℃以下的低位热源，利用方便程度相对较差。但随着热泵技术的逐渐普及和进步，城市污水的低位热能可以更加方便和经济地转换为高位能源，大大拓宽城市污水热源的应用范围。

更为重要的是，从城市生活能源需求结构来看，用于空气温度调节和水温调节所需的能源比例越来越大，而这部分以中低温即可满足的能源需求如果以传统高位能源燃烧后的高温供给的话，其利用效率将会非常低。而当采用城市污水热源作为该部分能源需求的供给，将会减小能源的损耗，提高能源的综合利用效率。

在以往的水源热泵技术中，水质更好的污水厂深度处理系统出水被视作污水源热泵热源的最理想对象。但随着热泵设备的发展和进步，使用特殊的换热器以及相关配套的换热器清洁系统，都能够防止污水对换热器的侵蚀和堵塞，在一定程度上减少了污水源热泵受污水水质的约束，使得二级处理后的出水甚至污水原水也可以作为热源，大大拓宽了污水热源回收的使用范围。

三、污水热能利用

由于原生污水水质相对较差，直接同级利用其热能的范围受到了局限。处理后达到相关标准的排放水或中水可用于农业灌溉或冬季融雪，利用其高于气温的特点，提高农产品作物的产量或加快道路积雪的融化。

现阶段来看，对于污水热能的利用更多的是集中于间接升级利用，即利用污水源热泵收集污水热能，进行冬季制热、夏季制冷。

（一）污水水源热泵系统

污水源热泵系统主要包括热源交换系统、热泵机组以及末端设备三部分。

由于污水水质相对较差，直接进入热泵机组会对机组产生较大破坏。因此，污水源热泵系统通常会在热泵机组前设置热源交换系统。污水（原生污水或处理

后排放水）经过热源交换系统前端的污水泵提升，进入换热器，将热量转移至污水交换器后端的封闭循环中间介质，换热后污水排入管渠。中间介质所承载热量通过热泵机组输送至末端设备。整个过程可正向或反向进行，以完成末端设备的制热或制冷的功能。

1. 热源交换系统

污水源热泵的热源交换系统包括提升水泵（一级提升或两级提升）、防阻设备、热交换器以及中间介质循环管道。

当热源水体为处理后达标排放水时，水体中悬浮物和杂质含量已经相对较低，提升泵可只设置一级提升，以普通潜水泵或干式安装的离心泵将热源水体提升通过热交换器。系统流程图内所示的防阻设备和二级提升泵可不设置。水泵流量以热交换器总流量确定，扬程应为管路损失、热交换器损失和其他辅助部件的局部损失之和。

当热源水体为原生污水时，水体中的悬浮物和杂质含量较大，非常容易堵塞热交换器中相对狭窄的通道。此时可在一级提升泵后设置防阻设备，将悬浮物或较大的杂质去除。若防阻设备出水余压较小时，还可设置二级提升系统，以完成热源交换系统前端的循环过程。

热源交换器后端的封闭循环中间介质，多采用清洁的水或者乙二醇溶液。特别是当温度允许时，尽量采用软化水作为中间介质。中间介质循环系统以循环水泵驱动，完成热量中介传递的过程。

当使用原生污水进行热交换的过程中，特别是后续处理工艺为生物法的污水处理厂原生污水，要注意对原生污水热能的利用留有余地，热交换器的回水温度不宜低于 5 ~ 10 ℃。研究表明，过低的温度对微生物生化反应速率影响很大。

2. 热泵机组

热泵机组为增温型热泵，与工业余热利用系统的机组相似。

3. 末端设备

由于污水具有冬暖夏凉、水温相对恒定的特点，非常利于冬季制热、夏季制冷时热泵机组的高效工作，因此末端设备多采用空调冷热水循环系统。

（二）污水源热泵技术难点

1. 技术难点

污水源热泵和其他的水源热泵没有实质性的不同，但由于污水水质较差的限制，污水源热泵在实际工程中主要存在的技术难点就是机组或者前端的换热器易堵塞，易污染腐蚀。

2. 技术措施

对于这些难度的解决，现阶段主要采用以下的措施。

（1）在热泵机组前设置热源交换系统，让污水不直接进入热泵机组，保证热泵的稳定、长效工作。

（2）在换热器前，设置防阻设备，也就是进行简单的预处理。将容易引发堵塞的悬浮物和杂质在进入换热器就去除。

（3）针对即使设置了防阻设备，换热器内部流道还容易沉积、堵塞的情况，对换热设备进行改良，降低清洗难度。

（4）对热交换系统中换热器的材料进行改进，针对水质的不同特点，采用防腐性能强的合金等材料，减缓内部腐蚀，延长使用寿命。

3. 关键设备

（1）防阻设备

在这些难点问题的解决措施中，增加防阻设备，减少易堵塞物质的进入是最容易实现的。

对污水中悬浮物的去除，最有效的方法就是过滤。使用常规的滤池过滤或者格栅、格网过滤效果很好，但过滤装置易堵塞，须频繁的清洗，而且占地面积较大。因此，目前在污水源热泵系统中最常用的是使用自动清洗的防阻机，以完成一定精度的过滤及方便的清洗。

防阻机的基本组成是由旋转的筒式滤网和滤网内的旋转毛刷组成的。污水进入筒式旋转滤网后，在离心作用下完成了液固分离。而附着在滤网表面的污物在冲洗水流和旋转毛刷的作用下，从污物出口排出，可直接收集清运或返回污水干渠，完成了污物自动清洗的过程。滤网孔径可根据水质不同增减；自清洗的过程可定时进行，也可根据滤网两侧压力差激活自清洗过程。

城市原生污水中经常出现塑料袋、纺织物等易堵塞的大体积漂浮物，在设置防阻机的同时，也可在一级提升泵选择时，选用带有切割功能的潜水泵，使进入防阻机的污物体积减小。

（2）换热器

经过防阻塞设备后的污水，还含有大量的溶解性化合物和较小尺度的悬浮物，其换热器换热面受到污染是必然的。长期污物累积后，也容易使换热量急剧下降，甚至堵塞。

从目前实际工程的使用来看，在现有的换热器种类中，相比于板式换热器等紧凑型换热器来说，防阻机加壳管式换热器依然是污水源热泵的流行选择。在一定备用率情况下，定期采用添加化学药剂或者高压水流清洗的方法，以保证换热效率的稳定。

另外，科技工作者也在不断地尝试，对现有的换热器从材料、水力条件等方面进行改良，开发出一些防堵性能较好的换热器。目前使用较多的有离心污水换热器。

离心污水换热器是间壁式换热器的一种改良形式。壳体内部设有加宽的双层螺旋流道，污水流道和中间介质流道间壁设置，均在换热器的上下两端设置进、出口，但流向相反。污水从换热器的顶端进入，沿污水流道螺旋下行，在离心力的作用下，污水在壳体内部旋转至底端污水出口；中间介质由换热器的底部进入，逆向自下而上沿螺旋腔体运行，最后由顶端中介水出口流出，完成换热。加宽的水道减少了堵塞的概率。水流的离心作用形成了较大的湍流，使污水中的颗粒物不容易沉积在换热面上。既保持了间壁式换热器的高换热率特点，也减少了换热器清洗的周期。

（3）设备材料

污水复杂的水质，会减少换热器、管道、水泵等设备的寿命。因此，污水源热泵系统中的设备，应根据水质选用防腐蚀性能强的材料。

铜是传热效果极佳的金属材料，但是其在污水中防腐性能相对较弱。因此，很多厂商采用合金材料以获得更长的寿命，例如铜镍合金等。也有的厂商采用常规的碳钢作为基底材质，在其表面喷涂防腐涂层，以延长使用寿命。使用较多的有镀锌涂层的管材，以及喷涂有氨基环氧涂料等有机物涂层的管材。

管材或者管材表面涂层的不同，除影响设备的防腐蚀性能外，也直接影响了换热设备的换热性能。寻找防腐性、换热能力以及经济性等指标综合平衡较佳的管材一直是工业界正在努力的目标。

第三节 地下水冷能开发利用

一、地下水冷能利用原理

（一）地下水冷能利用条件

地下水资源是指在地表面以下含水层内储藏和迁移的水源。在地球地壳上部的孔隙和破裂材料中蕴藏着巨大数量的地下水，其在地球分布的范围非常广泛。根据地下水所埋藏的含水层性质不同，可分为孔隙水、裂隙水和岩溶水；根据含水层埋藏条件可分为包气带水、潜水和承压水。

水资源在自然循环和社会循环中是不断地迁移、转化、循环的，同样地下水也可在含水层的孔隙中以一定的规律自由迁移。由于地下水与土壤、岩层等介质联系紧密，相互接触，相互作用，因此其物理、化学性质均较为复杂。

从地下水的温度特性来看，不同环境、不同地质以及不同埋藏深度条件都会造成地下水的温度不同。对于影响地下水的外界环境温度，由于与含水层联系紧密，地温的作用要远大于气温。而且，受到土壤隔热和蓄热作用的影响，地下水水温季节性变化较大气和地表水要小很多，是更为恒定的热源。

参考原地质矿产部对地热资源的温度划分标准（DZ 40—85），研究人员多把低于 20 ℃的地下水称为地下冷水。研究表明，地下水的温度基本上与同层的地温相同，而在地层的恒温带中，地层温度的季节性变化甚至超不过 2 ℃，同层深度的地下水温度变化也极小。我国国土东西、南北跨度较大，导致北方与南方地下水温相差较大；在气温的较低的冬季，温差可达 10 ℃以上。

相对于各地气温来说，地下水的水温冬季较气温要高，夏季较气温要低。适合于夏季作为冷源加以利用，冬季作为热源提取热能。但是从实际应用的角度来看，作为直接同级利用热源，恒温带以上地下水冬季温度可直接换热利用的适用场合不多。若作为间接升级利用热源，夏季利用冷能时，地下水温作为冷凝温度，越低越好；冬季提取热能时，地下水温作为蒸发温度，越高越好。考虑到压缩机进气温度过高时容易导致机内润滑油碳化，造成设备运行费用提高，水源热泵处于 20 ℃附近制冷制热的效果都很好。但通常地壳恒温带内，地下水温多为 15 ℃左右，因此，无论直接利用还是间接升级利用，地下水资源更为适合于提取冷能。

在地层中的恒温带以下的区域，随着埋藏深度的加大，地下水的温度也会有所增加。地热增温率取决于含水层地域条件和岩性条件，一般来说，地壳的平均地热增温率为 2.5 ℃ /100 m 左右，当大于这一数值时被视为地热异常。

当埋藏深度逐渐增大时，地下水温度也会逐渐增加至温水甚至热水的温度范围，而对该部分由于地热而产生的地下水热能资源，则更适合提取热能。

（二）地下水冷能方式

地下水冷能的直接同级利用在工业生产过程中使用较多。主要是利用地下水取水构筑物将浅层地下水提升至地面，直接进入生产工艺流程用作冷却水，或者通过换热器对高温流体进行降温。完成降温过程后，再通过回灌井，将升温后的流体回灌入同深度含水层。利用土壤热特性中热导率高、热扩散率大以及土层总容量大的特点，使回灌后的热水较快地恢复到开采前的平均温度，从而形成了开采—利用—回灌的再生循环过程。

地下水冷能的间接升级利用与制冷机的原理是相同的。将地下水从取水构筑物取送至冷能利用的热泵机组，利用地下水温度较低且较为恒定的特点，通过水源热泵技术中的制冷工况，利用热泵机组中工质在蒸发器蒸发膨胀的过程，从热负荷侧吸收热能；再通过冷凝器中工质液化过程，将热量传递给地下水。升温后的地下水回灌至地下，再生后循环使用。

当地下水源热泵冷能利用系统中的水源热泵机组为水 – 风型机组时，热泵机组热负荷侧的介质为空气，热泵机组可直接供出冷风进行空气调节。而当水源热泵机组为水 – 水型机组，热负荷侧的介质为液体，整个系统供出的冷水可供后续需要水冷的环节使用。现阶段在民用和公共建筑的空调系统中，水 – 风型地下水源热泵空调系统使用已经较为常见。

二、地下水人工回灌技术

地下水源热泵技术中的地下水人工回灌，就是将经过直接利用或热泵机组换热后的升温回水再次回灌入地下含水层，其目的在于：①补充地下水储量，调节取用水位，维持热泵系统水位平衡；②防止地面沉降，阻止海水倒灌，减少地质灾害；③通过回灌使水温回复，以保证热源温度稳定。

对于地下水源热泵的工作过程来说，供冷或供热后回水的处置是非常关键的环节。但在个别案例中，名义上为提高水资源的使用率，地下水开采后，经过地下水源热泵系统一次利用后，未回灌入地下，从而引发许多技术和环境问题。为了延长水源热泵系统的使用寿命，避免破坏地下水资源、引发地质灾害，地下水人工回灌时需要注意一些关键问题。

（一）回灌的水质

从理论角度来看，要达到地下水水质不被污染，回灌水质应当等于甚至好于原水质。从实际工程的角度来看，当地下水利用只是经过换热器或热泵机组，仅发生热量的迁移，没有引入新的污染物，回灌是不会污染地下水质的。但应当避免回灌时带入大量的氧气。当直接利用地下水与工业设备或产品接触进行降温时，就可能会向地下水中引入浊度、盐类、油类物质等某类污染物。此时需要对受污染的地下水进行水质处理，除去引入的某类污染物，再进行回灌。

当出现热泵回水被其他项目利用成为污水时，从保护水资源量的角度，也应当将所有水量经过处理后回灌。污水经过处理后回灌时，水质应当达到《城市污水再生水地下水回灌水质标准》（GB/T 19772—2005）中相应回灌方法的水质要求，同时也应当满足回灌水的地下停留时间要求。采用地表回灌，再次利用前应停留6个月以上；采用井灌，需停留1年以上。

（二）回灌方式

人工回灌采用较多的方式包括地表回灌和井灌两种，选用何种方式应根据工程场地的实际情况考虑。应保证抽取利用的和回灌补给的是同层地下水。

当取用的是非封闭的含水层且土层渗透系数高时，可采用地表回灌的方式。当地表与地下水位间有埋深不深、厚度不大的低渗透性的地层阻隔时，可采用挖掘回灌坑的方法，穿透阻隔地层，以完成渗透回灌。

当土层渗透性较差或土层的非饱和带中存在不透水层时，常采用井灌的方式进行人工回灌。回灌井的构造结构与取水管井的结构相同。当含水层渗透性好时，可采用无压管井自流回灌；为防止由于回灌水与天然水物理、化学性质变化，导致井壁含水层颗粒重排引发的井壁堵塞现象，可采用涡轮泵的形式定期洗井。当地下水位较高且含水层透水性较差时，可采用加压回灌的方式。近年来，新出现的抽灌两用的管井回灌方式逐渐成为主流。同一眼井可定期抽水和回灌功能交替，通过流向的反转，自然减少井壁堵塞情况的发生。

在使用井灌回灌时，应当注意由于井距较近导致的抽水与回灌水间的热贯通现象。水井施工前可根据水文地质情况进行影响范围的复核计算，合理控制井距，减少相互干扰。

（三）回灌水量

单井回灌量的大小，主要由含水层的厚度和渗透性、地下水位的高低以及回灌方式决定。不同的水文地质条件对单井的回灌量影响很大；但在同一水文地质条件下，所采用回灌方式，则是决定回灌量的重要方式。

一般来说，同样回灌方式下，含水层渗透性越小，单井回灌量越小。向基岩裂隙或岩溶中灌水时，单位回灌量与出水量几乎相同；向粗砂层灌水时，单位回灌量仅为出水量的 30% ~ 50%。同样水文地质条件下，加压回灌单井回灌量要大于无压回灌，且在一定压力范围内，单位回灌量与压力成正比。但应当注意压力过高对井管及过滤器的破坏作用。当单井回灌量小于采水出水量时，可根据灌采比增加回灌井数。

地下水源热泵有很多优越性，但由于地下水回灌可能引发生态、环境、地质灾害等问题，影响了其应用推广的速度。特别是取水和回灌要严格遵守管理部门关于地下水的取用制度。在施工前，须获取地下水资源的准确资料，正确地进行地下水取水、回灌系统的设计。施工应由专业队伍完成，防止对其他含水层产生破坏。这样才能真正地达到节能环保的初衷。

三、地下水冷源循环利用方法

（一）直接同级利用

抽取地下水利用冷能在工业生产使用较为普遍，其主要应用范围多为需要常温水冷和洗涤的行业。

例如纺织行业，为保证产品质量，提高产量，保护职工身体健康，要求夏季纺织车间内温度在 30 ℃下，相对湿度 55% ~ 60%。采用空调人工制冷效果好，但能耗较高。从 20 世纪 70 年代开始，我国工业生产中就开始利用地下水冷源节省生产成本。上海、天津、北京、西安等地的纺织厂使用地下水作为夏季厂房降温冷源。上海某纺织厂高温季节车间温度 37 ℃以上，所采用的冬灌夏用地下水平均水温 15 ℃，利用后排放水温 25 ℃，可提供冷量 3.6×10^{9} kJ，相当于 7 台 2×10^{6} kJ/h 蒸汽喷射制冷机在夏季工作 3 个月的制冷量。经过测算，制冷量相同时，采用溴化锂制冷机制冷成本为 35.53 元 /h，而冬灌夏用地下水井仅为 10.86 ~ 14.88 元 /h。

机械加工、化工制药、食品加工企业等行业也使用地下水作为冷却水，降低产品生产工艺中的温度，提高产品产量和质量。很多企业除了采用冬灌夏用的方法在冬季灌入冷水夏季使用，还采用夏灌冬用的方式，利用土层储能的特点，冬季利用地下温水进行采暖，也收到不错的效果。

需要注意的是，我国地下水污染日益严重的现状，再加上工业产品生产规范的日益严格，我国地下水冷能直接同级利用的模式正逐步改变。取用的浅层地下水质无法达到行业相关用水规范，为避免地下水直接与产品接触影响产品质量，通过换热器换热向厂内循环冷却介质输送冷能的方式被更多地采用。深层地下水硬度和盐类指标超标严重，在直接冷却过程中容易使生产设备结垢、侵蚀，则需要在使用前进行处理。

（二）间接升级利用

1. 地下水源热泵冷能利用系统组成

地下水源热泵冷能利用系统与常规的地下水源热泵系统组成相同，主要包括水源取灌、热泵机组、末端系统三个单元。

（1）水源取灌单元

水源取灌单元主要由取水、回灌水井及配套的加压循环水泵及管路组成。取水水井的形式与开采饮用水水源形式相同，可根据采水含水层的深度选取大口井或管井的形式。回灌可根据水文地质情况选用地表回灌、管井回灌的方式。取水和回灌可采用并联形式设置，井的数量及相互间距应根据需水量、单井出水量、回灌量及当地水文地质资料进行计算确定。

加压循环水泵多采用潜水泵湿式安装于取水井中；水泵扬程应根据系统的布置情况具体计算，当多井并联取水时应进行井间联络平衡计算。水源系统管路可采用钢管、铜管或 PVC 管，当根据工程实际情况要求管路强度较高时，不宜采用塑料管。

（2）热泵机组

是取灌单元与室内末端系统间的转换连接点，通过消耗一定的动力，利用压缩机做功，驱动热量由水源传送至末端系统。

根据热泵机组与水源间热量交换方式的不同，地下水源热泵冷能利用系统又分为开式和闭式两种。开式系统中，地下水直接由加压泵供入热泵机组进行换热。闭式系统中，地下水中冷能通过热泵机组前增设的换热器交换给中间介质，再由中间介质进入热泵机组完成传递过程，增设的换热器可安装于地下取水井内或地上专设的池体内。闭式系统通过间接换热，保证热泵机组内部不受地下水有机物、矿物质和悬浮物的影响，延长热泵机组的使用寿命。

（3）末端系统

末端系统承接了由热泵系统传递来的能量，其具体形式由工业生产工艺或建筑物内部的制冷形式决定。

2. 水质的要求

当采用开式系统时，进入热泵机组水质的好坏，直接决定了热泵机组的使用寿命和能源利用效率。

含沙量和悬浮物会对机组材料产生磨损，加快设备腐蚀，并造成井体和换热器堵塞。钙离子、镁离子在换热器上易结垢影响换热效果。亚铁离子也易在换热器上沉积，加速水垢形成，而且易氧化成铁离子，形成氢氧化铁沉淀堵塞机组。

过酸或者过碱性的水体，都容易对机组产生腐蚀作用。氯离子、硫酸根离子等盐类都会对金属、混凝土等材料产生腐蚀作用。

第四节　地热能开发利用

地热能（Geothermal Energy）是指埋藏在地壳中的可以被人类抽取利用的天然热能。主要来源于熔融岩浆和放射性物质的衰变，经过地核岩浆入侵地壳以及地下水的深部循环传递至地层表面，主要表现为以土层、水体或蒸汽为载体的热能形式。

地球地心温度高达 4500 ℃以上，人类可利用的地热只是其很小的一部分。而且，根据放射性同位素地质年代检测法的测定结果，地球寿命可能还将有 45 亿年以上，因此其可利用潜力是非常巨大的。由于地温以及与其同深度的水温是可在很短时间内恢复的，因此地热资源是一种典型的可再生资源。

经过多年的研究和应用，地热能已在全球范围内成为被高度重视的能源种类。国际能源署牵头编制的世界地热能利用技术路线图中，对世界范围内地热利用的潜力、技术、未来的愿景以及发展节点都进行了评估和勾勒。我国的地热资源利用也处于方兴未艾的发展阶段。1994 年国务院颁布的《中华人民共和国矿产资源法实施细则》中，规定地热属于能源矿产资源；2006 年起实施的《中华人民共和国可再生能源法》中，明确将地热列为可再生能源。2011 年中国工程院所作的我国地热能利用发展目标中，也提出到 2050 年中低温地热利用的规模与总量达到现状的 3 倍。

现阶段，地热能的利用主要是水热和干热的利用。对于在水资源开发过程中的伴生能源利用来说，我们主要利用的是地热中的水热。

一、地热能的产生

地球的结构由地壳、地幔、地核组成。根据目前的研究，地核的温度至少在 4500 ℃之上，由于地幔和地壳的阻隔，随着埋藏深度的减小，地温逐渐降低。在地表以下 80 ~ 100 mi（1 mi=1.609 km）处，温度降至 650 ～ 1200 ℃左右。而当继续向上时，在地表较浅的深度范围内，存在一个地温终年基本稳定的常温层，其年温度变化幅度小于 0.1 ℃。常温层不受太阳辐射和四季变化影响，不同纬度常温层深度不同。常温层之上的地层，会随着四季变化、昼夜交替产生相对明显的温度变化。

地球内部的热量在向外释放的过程中，将地幔的部分岩石融化形成岩浆，密度较小的岩浆承载着热量向地表运动。当少数的岩浆在地壳薄弱地带喷出地表时，就形成了火山喷发。大部分岩浆存在于地壳内部形成局部热源，与正常的梯度地温一起，对地壳中的地下水形成了加热作用。大部分的热水保存在地下的多孔破裂岩层内，形成了储热的含水层；而通过断裂岩层流出地表的热水，形成了所谓的“温泉”。

在整个地热产生的过程中，地热资源按照其赋存的状态，可分为水热型、干热型以及地压型地热。水热型地热又根据水的存在形态不同，分为蒸汽型和热水型。在人类现有的水资源开发技术的限度内，这些埋藏深度较浅，甚至出露地面的热水是人类可以最简单、最经济利用的水资源伴生的地热能，也是我们现阶段的关注重点。

由于地下水所蕴藏的地质条件不同，受到地热的影响程度不同，其形成的地热水温度也不同。目前为止，对于地下热水的温度界限和定义，还没有全球统一的标准。综合各个国家的地下热水划定限制来看，多数都以 20 ～ 25 ℃左右作为冷热水的温度界限，高于这个温度范围的都被称为地下热水。

在我国，《地热资源地质勘查规范》（GB/T 11615—2010）中规定 25 ℃以上属于地热资源。一般来说，水热型的地热资源按照温度分类，25 ～ 90 ℃的地热归为低温地热，多以温、热水等形式存在；90 ～ 150 ℃的地热归为中温地热，这个温度范围的水热型地热多为热水与蒸汽的混合形式；150 ℃以上的地热被归为高温地热，这部分地热中，多为蒸汽或高温热水形式。

二、地热的储存与分布

从地热产生的过程来看，地热能多分布在构造板块边缘一带，这些区域板块运动频繁，是火山、地震的多发区，其蕴藏地热能以大于 150 ℃的高温地热为主；除此之外，在板块内部靠近边缘地带的活动断裂带、断陷谷和坳陷盆地地区，也多分布有中、低温地热能。

从世界范围来看，环太平洋地热带、大西洋中脊地热带、红海－亚丁湾－东非裂谷地热带、地中海－喜马拉雅地热带，世界四大环球性地热带均处于板块生长、开裂－大洋扩张脊、板块碰撞等区域上。世界知名的美国盖瑟尔斯、冰岛、意大利拉德瑞罗、菲律宾等地热田，均分布在这些地热带上。目前全世界有100多个国家和地区进行了地热资源的开发利用，而且利用规模还在以每年10%左右的速度递增，据国际权威能源机构预测，到2100年地热利用可在全球能源总量中占到30%以上。

就全球的地热分布背景而言，我国属于地热资源蕴藏丰富的国家之一，特别是中低温的地热水资源。从大地地质构造格局看，地处欧亚板块东部的我国，受到太平洋板块、印度板块以及菲律宾海块夹持，在西南侧的西藏南部和东侧的台湾岛以东两个区域，形成了当今世界地质构造活动最频繁的区域之一。

东南沿海地区的海南、台湾、广东、广西、福建、浙江、山东、天津、辽宁等地都属于环太平洋地热带范围；西南部西藏、云南地区都处于地中海－喜马拉雅地热带范围内；而在内陆地区的陕西、山西、内蒙古、湖南、湖北、四川等地区也分布着数量众多的低温地热。

根据《中华人民共和国水文地质图集》中“中国地下热水分布图”，我国地热水分布范围极其广泛，且大体上呈现由东向西温度降低的格局。

在西藏及云南腾冲地区、台湾及广东、福建东部沿海地区分布有丰富的高温地热水、汽资源。据现有的初步勘查，西藏发现的高温热水系统110个，著名的羊八井地热田就包括在内；云南西部高温水热系统55个，局部甚至温度高达260 ℃。而由东南沿海地区向西，在西藏、云南、广东、福建、青海、四川、辽宁等地分布有大量的中温地热水资源。而在新疆、山西、内蒙古等大片地区也蕴藏着中、低温地热水资源。

除了地热温度外，由于地热形成的地质构造差别，全国各地的地下热水资源还具有显著不同的矿化度和水化学特征，既有淡热水还有高矿化度的热卤水及热矿水。化学成分的复杂性，也增加了地热能利用的多样性和复杂性。

在地壳板块边缘的高温地热区域，地下热水 pH 较低，常含有较多的硫酸、硅酸、偏硼酸，以及铵、铁、氟、砷、锂等元素。同时，高温水汽中常含有较高的二氧化碳、二氧化硫、盐酸气、硫化氢等成分。

我国东部及中西部的一些山地地区，如秦岭、天山、吕梁山等褶皱山地和山间盆地地区，其断裂和岩层裂隙带区域多分布有低矿化度的中、低温地热水，其重碳酸型淡水 pH 为碱性，常含有较高的硅酸、氟、放射性元素等物质，水体中还常含有氮气。

我国东部及中西部地区，分布有多个中、新生代沉积盆地，由于地处板块内部，构造活动较弱，因此多分布有盆地型中、低温地热。这些盆地型地下热水的化学成分也大为不同：东部的松辽盆地、华北盆地地区，地下热水的矿化度相对较低，通常在 10 g/L 以下；而中西部的柴达木盆地、四川盆地等区域，地下热水多为高矿化度水，局部可达 360 g/L，多与油气资源伴生，含有丰富的碘、溴、锶、锂、钡等元素和甲烷、硫化氢等气体。

山西省地处我国中部，位于太行山脉与黄河中游大峡谷之间，中部夹持着一系列低洼盆地，属于起伏较大的黄土覆盖山地型高原地区。从现有资料来看，省内大部分区域地热增温率都在 3 ℃ /100 m 以上，表现出一定地热异常；省域内分布有丰富的低温地热水资源，南部密集，北部较少，且大部分水温均在 40 ℃以下。地热水主要为对流型地热，以降雨沿断裂破碎带下渗补给，热水多为温泉或浅部热水层等天然排泄点出流。

三、地热能的利用技术

对于在地球上广泛分布的地热能来说，其作为能源开发利用的历史由来已久。古罗马时期，地热温泉就被用于住宅取暖和洗浴；1904 年，意大利的拉德雷洛出现了世界第一座现代化地热电站，高温蒸汽所发电力成为电气化铁路的主要电源。

目前，地热能利用的主要用途包括：直接用于采暖、农业养殖及烘干、工业生产、工业提取利用矿物质、温泉洗浴以及道路融雪等；在地热发电以及地源热泵方面的间接升级利用。

（一）地热能的直接利用

1. 地热采暖

在高纬度寒冷地区，地热能资源是质地优良和使用便利的供暖热源。在传统的供热工程中，多采用 60 ℃以上的地热进行集中供热采暖；而 60 ℃以下的热水在当作热源时，采用的换热器的换热面积相对较大，增加了投资的费用。

随着地暖技术的逐渐普及，35 ～ 50 ℃的低温地下热水也在供热采暖中被广泛使用。较低的水温满足了地暖换热设备耐热性的要求，同时相对恒定的进水水温保证了供热的稳定性。

世界著名的“冰火之国”冰岛有着丰富的地热资源，从 20 世纪 20 年代开始，就大规模地采用地下热水采暖。目前为止，全国 70% 以上人口都实现地热采暖，特别是首都雷克雅未克由于地热的百分之百普及，被称为“无烟城”。在我国，天津、北京、大庆油田等区域都大量应用地热水作为住宅供暖热水水源；特别是天津地区，其地热直接采暖的面积占到全国地热采暖工程总面积的 1/2 以上。

直接应用作为采暖时，应当注意地热水中含有的高盐分、高矿化度会对管道和散热器产生腐蚀作用，使用时可选用防腐蚀的合金材料。采暖回水往往温度依然较高，可考虑梯度利用后再进行回灌。

2. 农业利用

地下热水在农业上的应用种类繁多，地热温室、地热养殖、地热孵化、地热烘干、地热灌溉以及利用地热水为沼气池加温等用途，在我国大部分地区都十分盛行。

我国北方，尤其是京津地区，地热温室的使用案例较多。利用地热水直接地面上为温室加热，或者利用管道对土壤加温，既保证了冬季温室的温度适合经济作物存活，又大大节省了煤、电等高位能源。而利用地热水进行水产养殖的历史则更早，利用地热水帮助名贵水产苗种早繁越冬，可延长生产期，增加经济效益。由于地热温度往往高于水生生物存活适宜温度，如罗非鱼类的适宜温度在 16 ～ 20 ℃，可采用间接换热器调整养殖场温度的方法，避免温度过高使鱼类死亡。另外，由于热水中含有的氟等有害元素，热水使用前应根据水产养殖水质标准进行评价。

在梯度利用地下热水的案例中，利用后的地下热水达到农业灌溉水质标准后，可当作农业灌溉的水源。但在灌溉中，应注意到土壤和农作物对于砷、铬、铜、铅、锌等金属元素有一定的累积和富集作用。当土壤中金属含量超标后，继续使用地热水灌溉，可能会导致金属元素继续向下迁移，影响浅层地下水水质。

3. 工业利用

地热资源在工业领域中的应用主要包括工业生产工艺中的加热用途和工业化提取水中矿产资源。

对于在工业生产工艺中升温、加热所用的地下热水，多为 60 ~ 150 ℃的中、高温地热水，可在生产中为烘干、蒸馏等工艺环节提供热源。作为世界最大的地热应用工厂之一，Myvatn Kisilidjan 硅藻土厂从 1967 年投产开始，就利用地热蒸汽对产品烘干提供热能，每年可节约大约 515 TJ 的能源（以 1995 年产量计算）。在我国，在酿酒、制糖、纺织、印染、造纸等行业中，都有地热资源成功应用的实例，其经济效益和环境效益相当可观。在地热梯度较大的区域进行石油开采过程中，使用伴生的地热水进行热水驱油的技术已经非常成熟，节省人工注入加热水所需燃料的同时，实现了采收率的提高。

对于水体中富含矿物元素和盐类的地热卤水，其作为矿产资源的一种存在形式，也不容被忽视。碘、溴、锶、锂、铷、铯、硼、硫、钾、芒硝等众多的成分，都可以通过规模化的工业过程进行提取。

美国索尔顿湖地热田位于东太平洋中脊地热带上，是以热水为主要资源的地热源，尤以高温高矿化度地热卤水闻名世界。其地下热水矿化度可达 3×10^{11} g/kg，在利用地热水发电的同时，也开展了对钾盐和其他金属元素的提取利用。我国西藏地区的羊八井地热田，其勘探结果表明，地热区域内锂、铷、铯等稀碱土金属元素含量呈异常状态，提取利用的经济价值巨大，相关的行业规划早已将其锁定为重要的资源进行综合开发。

4. 医疗洗浴

世界范围内，不同民族的医学传承体系中，都存有地热水（地热温泉）洗浴作为医疗手段的记录。由于温泉中含有的特殊微量元素、溶解性气体和放射性元素以及较高的温度对人体可产生慢性的医疗作用，因此常被用于治疗多种慢性病和疑难杂症。

山西是我国中低温地热资源分布较为广泛的省份之一，据现有资料表明，全省范围发现地下热水218处，出露点多达447处，其中大部分多为40 ℃以下。在忻州地区的奇村和顿村地热田所开发的温泉洗浴是我国开发最早的温泉疗养案例。该区域温泉水温可达50 ℃，泉水为硫酸钙型，含有氡、氟、硫化氢、硅酸盐等十几种金属及盐类物质。除消除疲乏、润滑皮肤等一般洗浴作用外，还对糖尿病、皮肤病等慢性病具有一定的医疗效果。

（二）间接利用

地热发电是一种利用地热水和地热蒸汽的热能生产电力的新型发电技术。从能量转换的过程看，其基本原理与火力发电相似，即先把地热能转换为机械能，再把机械能转换为电能。所不同的是，不需要设置体积庞大的锅炉和消耗大量的化石燃料。

利用地热发电的历史最早可追溯到1904年，世界第一座地热电站在意大利拉德瑞洛建成，虽然其装机容量较小，但为人类在化石燃料发电和水力发电之外，开辟了新的能源途径。时至今日，在地热资源开发热潮下，诸多国家都大力发展地热发电技术，其中美国地热发电的装机容量位居世界首位。日本是世界上化石燃料资源相对贫瘠的国家，但地热资源储量丰富，其清洁能源的利用一直走在世界前列，自发生福岛核电站事故后，日本能源发展战略再次做出调整。2011年日本众议院通过了《再生能源法案》，以大力发展地热发电来弥补核电减产造成的电力紧张局面。

一般来说，地热发电技术要求地热温度应不小于150 ℃，温度在200 ℃以上则更加经济。在此温度范围内，地热蒸汽可直接用于蒸汽发电。而对于地热水来说，常见的发电方式主要包括：闪蒸发电、中间介质发电和混合循环发电。

1. 闪蒸发电

将地热水在闪蒸器中进行降压扩容闪蒸，所产生的蒸汽部分引至汽轮机发电。汽轮机排出的蒸汽在冷凝器中凝结成水，冷却降温后使用或排放。闪蒸器中剩余盐水可进入二次闪蒸过程产生蒸汽发电或回灌入地下。

闪蒸发电工艺又可分为单级闪蒸法、两级闪蒸法和全流法等。闪蒸法适用于低于 100 ℃的地热资源，发电设备简单、易于制造。其缺点是设备尺寸大，易腐蚀结垢，热效率相对较低，对地下热水的温度、矿化度有较高要求。

我国羊八井地热电站中 8 台 3 MW 的发电机组，就采用两级扩容闪蒸发电系统。其汽轮机为混压式，供一级和二级扩容蒸汽分别进入。地热流体采取汽、水分别用管道输送至闪蒸器，热水经过二级扩容闪蒸后排入回灌池，用泵加压回灌地下。

2. 中间介质发电

将地热水通过换热器加热低沸点工质，利用工质蒸汽推动汽轮机发电。工质蒸汽冷凝后循环作用，地热流体冷却后排入环境或回灌。

中间介质发电工艺中，常采用氟利昂、异戊烷、异丁烷、正丁烷、氯丁烷等低沸点有机工质作为中间介质。该方式根据中间介质热交换的次数，又可分为单级中间介质法和多级中间介质法。其优点是能更充分利用地热水的热量，降低闪蒸所带来的能耗和热水量损失，其缺点是增加了系统的复杂性并需要更高的投资。

3. 联合循环发电

联合循环发电系统是把蒸汽直接发电和地热水发电两种系统合并使用。高于 150 ℃的高温地热流体过一次发电后，其降温后流体可再次进入中间介质系统，利用余温进行二次发电，多次利用后的尾水回灌地下。通过对一次发电后尾水的再利用，提高了发电效率，节约了资源。

该系统从地热井到发电再到回灌的整个过程可在全封闭状态下运行，减少了对环境的污染；采用全部地热水回灌，延长了地热田的使用寿命。

在利用高温地热资源发电的同时，中低温地热资源发电技术也成为地热能源利用领域的倡导趋势。由于技术相对不成熟，其发电效率相对偏低。但研究人员们正努力通过尝试对有机朗肯循环中的主要热力学参数进行优化，提高发电效率，增强系统经济性，实现该技术的早日普及。

第八章　跨流域调水

第一节　跨流域调水的作用与意义

一、调水工程的概念

调水是解决水资源时空分布不均的有效方式。广义地讲，调水工程就是为了将某水源地多余的水调出或为某缺水地补偿水资源，从而更有效地利用水资源。一般是指从水源地（河流、水库、湖泊、海湾）取水并通过河槽、渠道、倒虹（或渡槽）隧洞、管道等工程输送给用水区或用水户而兴建的工程。在两个或多个流域之间通过开挖渠道或隧洞，利出自流或提水方式，把一个流域的水输送到另一个流域或多个流域，或者把多个流域的水输送到一个流域，称为“跨流域调水”，为之兴建的工程称为“跨流域调水工程”。

二、调水工程的分类

目前，世界上已建和在建的调水工程就其规模、用途、技术方案、控制区域的自然地理条件千差万别，其调水工程的分类还没有专门的方法。大部分研究人员采用流量法，有的还考虑了调水距离，还有的提出应根据渠底和水深来分类。希克洛曼诺夫等在其《世界的用水保障与调水问题》专著中指出，为了便于开展与调水工程有关的水文研究，最好将调水工程按以下不同的标准体系进行分类。

（一）按照水文地理划分

1. 局域（地区）调水工程

指在同一条河流上建设的工程。通常这样的工程调水量不大，从河流中取水送到所灌溉的农田或输送到城市供水系统。地表水的这种区域再分配在干旱地区最为常见。一些大型的改良沼泽化土壤的排水渠道，以及各种向最近的水道干线排放、向城市和居民点区域供水的灌区系统也归于此类。局域调水工程的线路长度一般不超过 100 ~ 200 km。例如，土库曼斯坦从锡尔河取水供给费尔干斯克河谷的总灌区，印度和巴基斯坦等国家的土壤改良灌区，向美国洛杉矶、法国巴黎、科威特的科威特市等城市供应清洁水的水道均属局域调水工程。

2. 流域内调水工程

指在具有独立出入湖泊、海湾或海洋的河流流域范围内，或在其水文地理网的任何区段之间，越过当地流域分水岭进行径流再分配的工程。其工程特点是发展经济需要的取水、用水和排放用过的水是在同一水文地理范围内进行的。流域内调水工程的线路长度一般不超过 500 km，例如，加拿大比斯河和哥伦比亚河流域的调水发电工程等。

3. 跨流域调水工程

指在具有独立出入海洋和湖泊的河流流域之间进行水量的再分配。目前世界上运行的大量跨流域调水工程就属于这一类。这类调水工程线路长度变化范围较大，从几十公里到上千公里，例如中国的南水北调工程、引黄济青工程等。

（二）按照自然地理条件划分

在取水、输水区和用水区，调水可能是在同一个自然气候区域范围内进行地区内的水量再分配，也可能是在两个或两个以上自然气候区域之间进行水量交换的跨地区调水。

（三）按照行政区域划分

各种形式的河川径流调配可以是在不超过一个国家国界的国内进行，也可能是在两个或几个相邻国家进行水量交换。例如 20 世纪 60 年代美国设计的将加拿大的河水调往美国乃至墨西哥的“北美水电联盟工程”。

（四）按照目标用途划分

调水工程按照目标用途分为供水、航运、水力发电、灌溉、过湿地区排水以及解决所有或几个地区水问题的综合系统。

三、跨流域调水的作用和意义

水是人类不可缺少的生产、生活要素，也是重要的自然资源和环境要素。水资源有可储存和可转移性。水可以被海洋、湖泊、冰川和地下含水层等自然储存；也可以被人类以水库、蓄水池等各种工程措施储存。由于人类社会对水的需求要适时适量，导致水的利用价值因时因地而异。

水资源的价值有两方面的含义：一方面是因人类获取水资源而付出的代价；另一方面是利用水资源而创造的效益。在丰水季节和丰水地区，人类获取水资源付出的代价较小，甚至无需特别付出就可以获得充沛的水资源；在干旱缺水的地区，由于水资源来之不易，获取水要付出相当大的投入，以致出现水贵如油的局面。由于上述水资源开发利用的特点，人类采用各种工程措施调整水资源的时空分配。为调整水资源在年内分配的不均匀性和水在年际的剧烈变化，人们修建了年调节和多年调节水库；为使水资源的空间分布得到合理调整，把水资源量相对富裕流域的多余水量调入水资源匮乏的流域使用，人们修建了各种规模的跨流域调水工程。

跨流域调水是结构复杂、形式多样，涉及多水源、多地区、多目标、多用途的多维、跨学科、复杂的系统工程问题，没有其他的水资源项目比它的影响因素更多、产生的问题更复杂，形成的矛盾更难解决，决策过程更漫长。

跨流域调水涉及政治、经济、法律、文化、环境、生态等一系列问题。在自然科学方面，包括地形、地质、水文、气象、水质、水资源、规划和工程等；在社会科学方面，包括政治、行政、经济、生态、环境、法律、文化和宗教等。对历史上调水工程项目的调查、分析表明，跨流域调水项目既包括共同的问题，也有具体工程的特殊问题。水资源在时间和空间分布的不平衡是导致水资源供需矛盾的一个重要因素，也是在不同流域或地区间实施跨流域调水的一个重要前提。如何分析评价水资源时空分布的特点，对不同流域、不同地区的各种水源进行综合调配，充分预见调水系统运行后对生态、环境的影响，是实现水资源跨流域合理优化配置的基础。基于传统的水量平衡方法，把一个流域相对富裕的水量，跨流域调入水资源匮乏地区的传统理念，已经很难指导现代复杂系统情况下，跨流域调水的工程实践。

跨流域调水的作用与意义大体可归纳为如下几点。

（1）跨流域调水是解决水土资源分布不均的重要手段我国水资源时空分布极不均衡，水土资源不相匹配，降水及径流的年内分配集中，年际变化较大，水资源开发利用强度不同，区域水资源效益或是没有得到充分发挥，或是已经开发殆尽。跨流域调水可有效调整水土资源配置，缓解区域水资源的供需矛盾，保障经济社会发展对水资源量与质的需求。

（2）跨流域调水是解决区域水资源匮乏的重要措施水资源时空分布、水土资源的自然匹配、降水及径流的集中出现是不以人们的意志为转移的自然现象，因此区域水资源的匮乏是人类不得不面对的客观现实。跨流域调水是以人的意志重新调整区域水资源的分布。水资源量与质的合理调配，是解决我国缺水地区水资源不足的根本途径。节约用水、保护水源、防治水污染是实施跨流域调水的基础和前提，加强水资源规划与管理是实现跨流域调水效益的重要保证。

（3）跨流域调水是区域共同发展、实现国民经济可持续发展的重要保证由于跨流域调水重新调整水、土资源配置比例，调整水、土资源的关系，水、土资源会发挥更好的经济效益。因此，跨流域调水为经济社会的良好发展创造了条件。跨流域调水工程有利于促进我国洪、涝、旱、碱等与水有关的自然灾害综合治理。跨流域调水不仅可以补给缺水地区的水资源，发挥抗旱减灾效益，还可以通过调整洪、涝等无效水在时间和空间上的分布，变害为利，发挥跨流域调水工程的综合效益。

四、跨流域调水系统的特点

跨流域调水系统是由两个或两个以上的流域整合成的一个水资源大系统，具有高度的复杂性，其主要特点可归纳为以下几点。

（一）跨流域调水系统具有多流域和多地区性

跨流域调水系统涉及两个或两个以上流域和地区的水资源科学再分配，因而如何正确评估各流域、各地区的水资源供需状况及其社会经济的发展趋势，如何正确处理流域之间、地区之间水权转移和调水利益上的冲突与矛盾，对工程所涉及的各个流域和地区实行有效的科学规划与管理，是跨流域调水系统规划管理决策研究中所面临的一个重要问题。

（二）跨流域调水系统具有多用途和多目标特性

大型跨流域调水系统往往是一项涉及供水、航运、灌溉、防洪、发电、旅游、养殖以及改善生态环境等多目标和多用途的集合体，因而如何处理各个目标之间的水量分配冲突与矛盾，使工程具有最大的社会经济和生态环境效益，是跨流域调水系统决策中的又一重要课题。

（三）跨流域调水系统具有水资源时空分布上的不均匀性

水资源量在时间和空间分布上的差异，是导致水资源供需矛盾的一个重要因素，也是在地区之间实行跨流域调水的一个重要前提条件。因而，如何把握水资源时空分布上的这种特性，对多流域、多地区的多种水资源（如当地地表水和地下水、外调水等）进行合理调配，则是提高跨流域调水系统水资源利用率的重要途径之一。

（四）跨流域调水系统中某些流域和地区具有严重缺水性

在跨流域调水系统内，必须存在某些流域和地区在实施当地水资源尽量挖潜与节约用水的基础上水资源量仍十分短缺，难以满足这些地区社会经济发展与日益增长的用水需求，由此表现出严重缺水性。如何对缺水流域和地区进行科学合理的节水与水资源供需预测，正确评价其缺水程度，则是控制工程规模、提高系统效益、促进节水与水资源合理配置和整个社会经济发展的重要途径之一。

（五）跨流域调水系统具有工程结构的复杂多样性

跨流域调水系统中工程结构的复杂多样性主要表现在以下几方面。

（1）蓄水水库或湖泊之间存在多种串联、并联以及串、并混联的复杂关系，与一般水库系统相比，不仅要考虑各水库的水量调节和上、下游水库之间的水量补偿作用，还要考虑调水量在各水库之间（不只局限于上、下游水库之间）的相互调节与转移，因而，跨流域调水系统内水库间的水量补偿调节与反调节作用更加复杂多变。

（2）系统的骨干输配水设施（如渠道、管道、隧洞等）一般规模较大，输水距离较长，常遇到高填深挖、长隧洞与大渡槽、坚硬岩石和不良土质（如膨胀土、流沙等）地带等，所有这些都将给规划设计和施工管理增添较大的难度。

（3）系统内往往会涉及众多较大规模的河道、公路、铁路等交叉建筑物，这不仅增加了规划设计和施工管理的难度，还会给防洪、交通运输等带来影响，需进行合理布局和统筹安排，将其影响程度降到最低点。

（4）有些采用提水方式进行的调水工程，常常会面临高难度的高扬程、大流量等提水泵站规划设计与运行管理问题。如何对这些提水泵站规模与布局进行合理优化规划，则是待研究的另一重要问题。

（六）跨流域调水工程的投资和运行费用大

因跨流域调水工程结构复杂，涉及范围大，影响因素多，工程规模相对较大，因而投资相当巨大。远距离调水系统管理难度大，运行费用也会相对较高。科学确定满足社会经济发展要求的合理工程供水范围与调水规模，则是减少工程投资和运行管理费用的重要途径之一。

（七）跨流域调水系统具有更广泛的不确定性

跨流域调水系统的不确定性和其他一般水资源系统一样，主要集中在降水、来水、用水、地区社会经济发展速度与水平、地质等自然环境条件、决策思维和决策方式等方面。比较而言，跨流域调水系统的不确定性程度更大、范围更广、影响更深，从而使其比一般水资源系统具有更大的风险性。

（八）跨流域调水系统具有生态环境的后效性

任何人工干涉自然生态环境的行为（如各种水利工程等），都将导致自然生态环境的改变。跨流域调水系统由于涉及范围、影响环境程度较一般水利工程大得多，势必导致更多因素的自然生态环境变化，有些生态环境的变化甚至是不可逆转的，这就表现出生态环境的后效性。如何预见和防治生态环境方面的后效性，则是需要研究的又一重要问题。因此，有必要始终坚持“先节水后调水，先治污后通水，先环保后用水”和调水有利于保护改善生态环境的原则，进行跨流域调水的规划和管理。

总之，跨流域调水系统是一项涉及面广、影响因素多、工程结构复杂、规模庞大的系统工程，跨流域调水工程的决策本质上是一类不完全信息下的非结构化冲突性大系统多目标群决策问题。因而，需要从战略高度，对工程涉及的社会、政治、经济、文化、科技、民生和生态环境等多个方面进行统一规划、综合协调、合理评价和科学管理，才能取得工程本身所应产生的巨大的经济、社会和生态环境效益。

第二节 跨流域调水工程分析

跨流域调水是一项宏大的水利工程，工程的实施可解决区域水土资源分布不均、区域水资源匮乏制约城市社会经济发展的重要保证。由于工程涉及资源、社会、环境、地理、气象、生态、经济等各方面的内容，因此工程特征各异。本节主要通过国内外几个典型的跨流域调水工程情况展示跨流域调水的工程特征。

一、国外跨流域调水工程

河川径流是人类最早利用的水资源，也是上、中、下游地区重新分配水资源的必由之路。但是，由于社会经济发展，仅凭流域内调水已难以满足经济发达地区的用水需求，迫切需要跨流域调水。于是，在20世纪中叶，跨流域调水规划便应运而生了。据不完全统计，目前世界已建、在建和拟建的大规模、长距离、跨流域调水工程已达160多项，分布在24个国家。其中已建的调水工程调水量较大的是巴基斯坦西水东调工程，年调水量 $148 \times 10^8\ m^3$；距离较长的是美国加利福尼亚北水南调工程，输水线路长900 km，调水总扬程1151 m，年调水量 $52 \times 10^8\ m^3$。

（一）美国调水工程

从20世纪初至20世纪末，美国联邦政府和地方州政府组织兴建了大量的水利工程。美国本土年径流量1.7×10^{12} m³，已建水库库容约1×10^{12} m³，有效库容约6000×10^{8} m³，对地表水资源有了较强的调控能力。美国国会在1992年通过了《垦务法》，并在内政部设立垦务局，主要负责西部地区17个州的水资源开发治理任务。迄今为止，美国已建跨流域调水工程10多项，主要为灌溉和供水服务，兼顾防洪与发电，年调水总量达200多亿m³，著名工程有：联邦中央河谷工程、加利福尼亚州北水南调工程、向洛杉矶供水的科罗拉多河水道工程、科罗拉多－大汤普森工程、向纽约供水的特拉华调水工程和中央亚利桑那工程等。

这些工程在除害和兴利两方面都起了很大作用：一是有效提高了主要江河的防洪能力；二是水资源得到了有效的开发利用，同时水电、航运、环境、旅游等也得到长足发展。调水工程建设的成功，使美国西南部大片荒漠变为繁荣的经济高增长区，不仅使农业和牧业稳定发展、农产品的出口量不断增加，而且绿化美化了环境，诸如航天航空、原子能、飞机制造、石油化工、机器制造、电影工业等也发展迅速，使西南地区和西海岸成为美国石油、电子、军事等尖端新兴工业的中心。如果没有这些调水工程，不仅西部的发展受到制约，东部一些地区以及纽约等大城市的发展也会受到影响。可以设想，没有这些调水工程，就没有今天的洛杉矶、菲尼克斯和拉斯维加斯这批新兴城市，也不会有南加州等处今天的繁荣和大片绿洲。所以调水工程对美国经济宏观布局、生产要素和资源的合理配置组合都起到了重要作用，同时也是维系经济可持续发展的命脉。

1. 北水南调工程

加利福尼亚州的北水南调工程是美国最具代表性的调水工程，也是全美最大的多目标开发工程。加利福尼亚州位于美国西南部，西临太平洋，面积41×10^{4} km²，人口2300万。北部湿润，萨克拉门托河等水量丰沛。南部地势平坦，光热条件好，是美国著名的阳光地带，但干旱少雨，圣华金河流域及以南地区水资源短缺。全州年径流量870×10^{8} m³，其中3/4在北部，而需水量的4/5在南部。为了开发南部，联邦政府建设了中央河谷工程，加州政府建设了北水南调工程，两项工程相辅相成，共同把加州北部丰富的水资源调到南部缺水地区。

加利福尼亚北水南调工程是联邦政府与加州政府的合建项目。联邦政府在中央河谷工程中建有沙斯塔等 20 座水库，7 座水电站，总装机 132×10^4 kW，混凝土衬砌输水管道 800 km，以及抽水泵站等等，计划年调水 90×10^8 m³。加州政府承建的调水工程包括奥洛维尔等 4 座水库，衬砌输水渠道 1102 km，水电站 8 座，总装机 153×10^4 kW，抽水泵站 19 座，电动机总功率 178×10^4 kW，其中干线抽水泵站 7 座，抽水总扬程 1154 m。著名的埃德蒙斯顿泵站，一级扬程 587 m。加州北水南调计划年调水 52.2×10^8 m³。

加州调水工程是一项宏大的跨流域调水工程，输水渠道南北绵延千余公里，纵贯加州，其输水能力各渠段不同，设计最大渠段输水流量达 509 m³/s，年调水总量达 140 余亿 m³，为加州南部经济和社会发展，生态环境的改善提供了充足的水源，现已发展灌溉面积 133 万 km²，使加州南部成为果树蔬菜等经济作物生产出口基地，并保证了以洛杉矶为中心的 1700 多万人口的生活和工业等用水。现在加利福尼亚州是美国人口最多的州，洛杉矶成为美国第三大城市。

2. 中央河谷工程

中央河谷地区是美国加利福尼亚州中部的大地槽，位于内华达山脉与沿岸山脉之间，为南北长 700 km，东西宽 90 km 的平坦的冲积平原。河谷内大部分径流集中在萨克拉门托（Sacramento）河和圣华金（San Joaquin）河内。中央河谷是加州著名的农业地带，可耕地面积约 400×10^4 hm²。由于土地肥沃，是美国最大的水果生产基地，还盛产棉花、谷物以及蔬菜等。雨水北丰南缺，河谷北部多年平均降雨量为760 mm,南部只有200～400 mm,部分地区不到100 mm,素有“荒漠”之称。河谷内耕地 2/3 位于南方，而北方的水资源却占了全河谷的 2/3。河川径流量有 70%产生于河谷以北，而河谷以南的需水量占全河谷总需水量的 80%以上。河谷内 3/4 的降水量主要集中在 12 月至次年 4 月的冬春两季，而农业的主要需水季节则为夏秋季。

（1）调水主线

中央河谷工程（Central Valley Project）的主要目的是将河谷北部萨克拉门托河的多余水量调至南部的圣华金流域，平均引水量为 292 m³/s，每年调水 53×10^8 m³，以解决河谷南北水量不平衡的问题。按照设计，初期工程主要调水路线是：在丰水的河谷北部萨克拉门托河上游兴建沙斯塔水库（Shasta，总库容 55.5×10^8

m^3），将汛期多余的洪水拦蓄起来，在灌溉季节将水经萨克拉门托河下泄至萨克拉门托－圣华金三角洲，经三角洲横渠（Delta Cross）过三角洲到南部的特雷西（Tracy）泵站，经该泵站将水分成两股，一股入康特拉－科斯塔（Contra Costa）渠输水到马丁内斯水库（Martinez），向旧金山地区供水；另一股通过三角洲门多塔（Delta–Mendota）渠流入弗里恩特水库（Friant，总库容 $6.4 \times 10^8\ m^3$），最后通过弗里恩特－克恩渠（Friant–Kern）把水调向南部更缺水的图莱里（Tulare）湖内陆河流域。

为满足工农业生产及城市迅速增长的需水要求，陆续在萨克拉门托河的北部大支流亚美利加（American）河上兴建了斯莱公园水库（Sly Park）、福尔瑟姆水库（Folsom，总库容 $15.5 \times 10^8\ m^3$）和宁巴斯水库（Nimbus）；在加州北部单独入海的特里尼蒂（Trinity）河上兴建特里尼蒂水库（总库容 $30.9 \times 10^8\ m^3$），同时开凿了 17.4 km 长的克利尔河（Clear Creek）隧洞将水调入萨克拉门托河，增加向南部的可调水量。

为提高从三角洲向南调水的能力，在输水干渠中段还建了一座旁引水库，即圣路易斯水库（San Luis，总库容 $25.1 \times 10^8\ m^3$），与加利福尼亚水道共用，同时兴建了圣路易斯渠与普莱森特瓦利渠（Pleasant Valley），向沿途两岸供水。

除了干渠引水外，在萨克拉门托河上游还兴建了科宁渠（Corning）、奇科渠（Chico）和蒂黑马－科卢萨渠（Tehama Colusa），向沿渠两岸地区供水；在圣华金河下游支流马德拉河（Madera）上兴建马德拉渠，除满足沿渠两岸用水需要外，将多余的水引入弗里恩特－克恩渠。

1979—1985 年，在圣华金河流域下游支流斯坦尼斯劳斯（Stanialaus）河上开始兴建新梅洛内斯（New Melones）水电站，该电站水库总库容 $29.85 \times 10^8\ m^3$，工程以防洪为主，为三角洲地区的径流调节起了重要作用。

（2）主要建筑

中央河谷工程共建有 19 座水库、8 条输水引水渠道、11 座水电站及 9 座泵站，其中关键工程是三角洲横渠、特雷西泵站、三角洲－门多塔渠道。在胡桃沟（Walnut Grove）附近开挖三角洲横渠，进入斯诺特格拉司（Snodgrass），经 80 km 而引入特雷西泵站，流量 100 ~ 130 m^3/s。1951 年起由 6 台 1.65×10^4 kW

的水泵提高 60 m，进入三角洲 – 门多塔渠道，流向东南，经 188 km 而于弗雷斯诺以西 48 km 处注入门多塔塘，由此调水到圣华金河，此段流量减少 91 m^3/s。康特拉—科斯塔渠在奥克莱附近，源出岩沟（RockSlough），截萨克拉门托及圣华金河之水，流量 100 m^3/s，由 4 级泵站将水提高 39 m，向西分水，纵深达 72.5 km，灌溉高地农田，并向海湾工业区供水，流入马丁内斯（Martincz）坝所形成的水库。

另外还有一些重要的分水渠系工程，如萨克拉门托河谷西部的科宁渠，在雷德布拉夫附近引萨克拉门托河水，流量 14.2 m^3/s，有泵站可提水 16.8 m，再向南 34 km 到达蒂黑马县。河谷右侧还开挖了蒂黑马 – 科卢萨渠，系自流引水，从雷德布拉夫开始往南延伸至科卢萨 – 约洛县界，长 203 km，初始过水能力 56.6 m^3/s。河东还有奇科渠，在维纳附近扬水灌溉奇科县农田，经 32 km 注入比尤特河。

（3）工程特点

中央河谷工程具有如下特点：①在调水工程的起点，都建有控制性大型骨干水库，使水源得到充分的保证；②水库多数建有水电站，在引水、防洪、发电等方面发挥多目标效益，中央河谷工程的发电量为抽水用电量的 3 倍；③为了适应灌区地形上的要求并使渠系工程量减少，采取该扬则扬的手段，特雷西水泵站都具有很大的规模，跨过分水岭后可利用水头发电，同时较多地采用了可逆式抽水蓄能机组；④在跨流域调水工程系统中，又重复套入了跨流域调水措施，例如中央河谷工程的首部从特里尼特河调水入萨克拉门托河；⑤调水工程规模宏大，用混凝土衬砌渠道作远距离调水，有的调水距离超过 700 km，工程配套，水资源利用的效益显著；⑥中央河谷工程与另几个调水工程一样，已装备了遥控和集中控制系统，有些主要渠道的控制性工程已做到无人管理的程度。

（4）工程效益

中央河谷工程主要在灌溉、水力发电、城市及工业用水、防洪、抵御河口盐水入侵、环境和发展旅游等方面取得巨大的经济效益和社会效益。

①灌溉效益

工程对发展河谷地区农业灌溉起到很大的作用，在控制范围内的可灌面积约为 153.3×10^4 hm²，包括补水灌区在内，1982 年实灌 110×10^4 hm²。

②水力发电效益

工程中的水电站所发出的电能，约有1/3用于泵站抽水，其余并入电网销售。水电收入是偿还工程投资的重要来源。

③城市及工业用水

工程的水源也承担城市及工业用水任务。例如，康特拉－科斯特渠将水送到马丁内斯、安蒂奥克、匹兹堡等城市，为钢铁、炼油、橡胶、造纸、化工等工厂及居民供水。

④防洪功效

沙斯塔、弗里恩特、福尔瑟姆等大型水库及其他小水库都留有一定的防洪库容，为减小中央河谷地区的洪涝灾害发挥了主要作用。

⑤防盐水入侵

旧金山海湾的海水经常倒灌入萨克拉门托－圣华金三角洲，对洲内 14.4×10^4 h㎡土地造成盐化影响。从沙斯塔等水库流出来的流量，经三角洲横渠输送到三角洲地区，有抗拒盐水入侵的能力，有利于土地耕种。

⑥旅游效益

工程内旅游胜地很多，如沙斯塔水库、威士忌顿水库等，每年吸引大批游客前来参观游览。

（二）巴基斯坦西水东调工程

巴基斯坦位于南亚次大陆西北部，面积 79.6×10^4 k㎡，大部分地区为亚热带气候，其南部为热带气候，年均降水不足300 mm，干旱半干旱地区占国土面积的60%以上。巴基斯坦以农业为主，耕地集中在印度河平原，由于气候干旱等原因，农业生产在很大程度上依赖灌溉。印度河是巴基斯坦最主要的河流，发源于中国，经克什米尔进入巴基斯坦，全长2880 km，年径流量 2072×10^8 m^3。

1947年巴基斯坦独立后，印度河干流及其5条支流上游划归印度和克什米尔地区，下游划归巴基斯坦。由于印度河东部3条支流的径流为印度所控制，使得巴基斯坦原本依靠这3条河水灌溉的大片耕地失去水源，与印度引发了争水矛盾。经过长期谈判后，巴印两国于1960年签订了《印巴印度河用水条约》，规定西部印度河干流和支流杰赫勒姆河、杰纳布河来水归巴基斯坦使用，东部印度河支流拉维河、比阿斯河和萨特莱杰河来水归印度使用。巴基斯坦为此规划实施了从西三河向东三河调水的西水东调工程。

巴基斯坦西水东调工程是当今世界上调水规模最为宏大的工程之一，年调水量 148×10^8 m³，灌溉农田 153.3×10^4 km²。西水东调工程主要由大型调蓄水库、控制性枢纽和输水渠道三部分组成。具体在印度河干流和支流杰赫勒姆河上分别兴建了塔贝拉和曼格拉水库，总库容 209.5×10^8 m³；同时在各引水渠首和引水渠穿越河道处共建设 6 座控制枢纽，并从西水东调工程的 3 处引水口延伸出总长度为 593 km 的 8 条输水渠道向下游自流引水。整个工程于 1960 年开工，大部分工程于 1971 年前陆续完成。

西水东调工程的成功实施，进一步改善了巴基斯坦印度河平原的灌溉体系，有力地推动了东三河流域广大平原地区的农牧业和工业发展，并使巴基斯坦由原来的粮食进口国逐渐实现粮食自给，而且每年还可以出口小麦 150×10^4 t、大米 120×10^4 t。

（三）埃及调水工程

毁誉参半的埃及尼罗河阿斯旺高坝于 1970 年建成，坝高 111 m，总库容 1690×10^8 m³，是世界上最大的水坝之一，耗资 10 亿美元。大坝截流后，尼罗河水在其南部依山形成一个群山环抱的人工湖，取名为“纳赛尔湖”。

阿斯旺大坝在灌溉、防洪、航运、发电等方面获得了显著效益，但其对环境的影响却引起了多方面的非议。大坝建成后，产生了一系列环境变化，主要是：浮游生物入海量锐减，河口地区的沙丁鱼捕获量减少 97%；大坝拦住了泥沙，下游大量农田失去了尼罗河中的淤泥肥源而变得贫瘠；尼罗河洪峰减少，使沿河土壤的盐碱不能流失，土地年复一年地盐碱化；地中海沿岸海水入侵加重，地下水的水质变坏；环境变化，增加了血吸虫病的传播；从埃及和苏丹的努比亚地区迁出了 10 万人，世界粮食机构不得不运送大量粮食解救饥饿中的努比亚人。因此，1972 年在斯德哥尔摩召开的联合国人类环境会议认为，该工程“从结果来说是失败的工程”。

在一片否定和怀疑的议论声中，埃及人坚持了自己的选择，因为埃及国土面积中 96% 是沙漠，水无疑是它的生命线。埃及人意识到，国家经济腾飞的根本出路在于大修水利、征服沙漠。阿斯旺高坝建成后，埃及又开始建造和平渠和谢赫·扎那德水渠，分别将纳赛尔湖水引向西奈半岛和埃及西部沙漠。

阿斯旺高坝为埃及带来了巨大的经济效益：520.4×10^4 亩的水洼地变成了良田，并且新垦农田 535.5×10^4 亩，使埃及可耕地面积增加 25%；高坝水电站的 12 台机组每年发电 100×10^4 kW·h，满足了埃及电力需求的 40%；高坝抵御了大大小小共 16 次洪水对埃及的侵袭。

（四）苏联调水工程

苏联已建的大型调水工程达 15 项之多，年调水量达 480 多亿 m^3，主要用于农田灌溉。规划中的调水工程也较多，有 100 多个研究所进行调水工程的方案与技术研究。这些工程中较著名的有：伏尔加－莫斯科调水工程、纳伦河－锡尔河调水工程、库班河－卡劳期河调水工程、瓦赫什河－喷什河调水工程、北水南调工程等。

值得一提的是，北水南调工程自涅瓦河调水，引起斯维尔河流量减少，使拉多加湖无机盐总量、矿化度、生物性堆积物增加，水质恶化。其原因是：跨流域调水工程范围内有许多污染源，未有效地采取控制污染的措施。在水量调出区的下游及河口地区，因下游流量减少，引起河口咸水倒灌，水质恶化，破坏了下游及河口区的生态环境。

（五）加拿大调水工程

加拿大水资源丰富，已建调水工程的 80% 用于水电。1974 年动工兴建的魁北克调水工程引水流量 1590 m^3/s，总装机容量达 1019×10^4 kW，年发电量 678×10^8 kW·h，该工程还用于灌溉和城市供水。

该国其他著名调水工程有：丘吉尔河－纳尔逊河、奥果基河－尼比巩河工程等。此外，北美水电联盟计划，设想把阿拉斯加和加拿大西北地区的多余水调往加拿大其他地区及美国的 33 个州、大湖地区和墨西哥北部诸州，灌溉美国和墨西哥 260×10^4 hm^2 耕地，并向美国西部城市供水。这个计划需要 1000 多亿美元，工期长达 20 年，并且完工后需 50 年方能收回投资。

（六）澳大利亚调水工程

为解决澳大利亚内陆的干旱缺水，澳大利亚在1949—1975年期间修建了第一个调水工程——雪山工程，该工程位于澳大利亚东南部，运行范围包括澳大利亚东南部2000 km²的地域，通过大坝水库和山涧隧道网，从雪山山脉的东坡建库蓄水，将东坡斯诺伊河的一部分多余水量引向西坡的需水地区。沿途利用落差（总落差760 m）发电供首都堪培拉及墨尔本、悉尼等城市民用和工业用电，总装机374×10^4 kW，同时可提供灌溉用水74×10^8 m³。该工程总投资9亿美元，主要工程包括16座大坝，7座电站，2座抽水站，80 km的输水管道，144 km隧道。

（七）法国调水工程

法国为了满足灌溉、发电和供水需要，于1964年动工兴建了迪朗斯－凡尔顿调水工程。工程于1983年建成，设计灌溉面积6×10^4 km²，年发电量5.75×10^8 kW·h，并供150万人饮水。此外，法国还有勒斯特－加龙河等调水工程。

（八）印度调水工程

印度的调水始于灌溉调水，已完成的有：恒河区工程，灌溉面积24×10^4 km²，北方邦拉姆刚加河拉姆刚加坝至南部各区工程，灌溉面积60×10^4 km²，巴克拉至楠加尔工程，灌溉面积160×10^4 km²，纳加尔米纳萨加尔工程，灌溉面积80×10^4 km²，通过巴德拉工程，灌溉面积40×10^4 km²。调水灌溉给这些地区带来了生机，产生了巨大的效益。

二、我国跨流域调水工程现状

我国是世界上开展调水工程建设最早的国家之一。中华人民共和国成立以来，特别是改革开放以后，为解决缺水城市和地区的水资源紧张状况，我国陆续建设了数十座大型跨流域调水工程。这些调水工程大都分布在东南沿海和西北地区，其中20世纪70年代以前修建的调水工程多以农业灌溉为主要目标。随着国民经济和社会的飞速发展，许多城市水资源相对稀缺程度加剧、水污染严重，因此后期上马的调水工程多以解决城市生活和工业用水为主，而且原来许多以农业灌溉为主的工程也逐步让位于城市供水。较为典型的当属引滦入津、江水北调和引黄济青等调水工程。

（一）引滦入津调水工程

引滦入津调水工程是目前我国华北地区规模最大的跨流域调水工程。工程从滦河干流中游引水至天津市，以满足天津城市生活、工业和蔬菜基地供水的需要，设计年引水量 10×10^8 m³。

引滦入津工程主要包括两部分：引滦枢纽工程和引滦入津输水工程。引滦枢纽工程由潘家口水利枢纽、大黑汀水利枢纽和枢纽分水闸三部分组成。引滦入津输水工程输水线路总长 234 km，沿途设三级泵站和两座调蓄水库。引滦入津调水工程于 1983 年建成通水。

引滦入津工程的建成，结束了天津市中心城区和部分城镇居民近百万人长期喝苦咸水、高氟水的历史，大大提高了人民群众生活质量；缓解了城乡用水矛盾，改善了投资环境，为天津市的经济发展提供了极为重要的物质基础；减少了地下水开采，有效控制了地面沉降，净化美化了城市生态环境，提升了城市文化品位。

（二）江水北调工程

江水北调工程是江苏省的一项大型跨流域调水工程，也是南水北调东线规划中的先期工程。工程以长江北岸的江都和高港水利枢纽为起点，通过抽提和自流方式引取长江水至苏北里下河地区和淮北灌区，以满足苏北地区农业灌溉、滩涂开发和生活工业用水需求。工程以农业灌溉为主，主要分为两部分：一是东引部分，利用泰州引江河、新通扬运河两条渠线引水，以自流灌溉为主，其中于 1999 年完成的泰州引江河一期工程引水规模为 300 m³/s；二是北调部分，以京杭大运河、泰州引江河和徐洪河为主要输水线路，利用洪泽湖、骆马湖和微山湖的调节作用，从长江引水，形成长约 400 km 的调水线路，一级抽水规模为 400 m³/s。

（三）引黄济青调水工程

引黄济青调水工程是从黄河引水向青岛市供水的大型调水工程。工程主要向青岛城市生活和工业供水，并兼顾沿途部分农业用水，设计年引水量 2.43×10^8 m³。引黄济青工程从黄河下游滨州市附近的打渔张引黄闸取水，经 13 km 的引水渠和沉沙池后，再经过 253 km 的明渠送水至棘洪滩水库。输水线路沿途建有 5 座提水泵站，总装机 2.192×10^4 kW。该工程于 1986 年开工建设，1989 年建成通水，棘洪滩水库以上调水工程总投资 7.67 亿元，净水厂、干管工程投资 1.89 亿元。

（四）云南滇中调水工程

滇中地区地处云南腹地、滇中高原与横断山脉交接地带，位于金沙江、珠江、红河、澜沧江四大水系分水岭，水资源先天不足，大量水资源分布在滇中边缘，难于利用。该地区包括昆明、楚雄、大理、红河、丽江、曲靖、玉溪 7 个州（市）中的 49 个县（市、区）。面积约 10×10^4 k㎡，占全省总面积的 25.6%。2002 年人口为 1622.6 万人，约占全省总人口的 37.4%，是云南省政治、经济、文化、教育、科技的中心区域。

滇中调水工程主要任务是解决城市、工业、生态和农业灌溉用水的需要。按照初步规划，滇中调水工程从拟建的金沙江虎跳峡库区引水具有明显的优越性：一是虎跳峡电站已被推荐为近期开发工程；二是虎跳峡水利枢纽在正常蓄水位 2012 m 时，可实现部分自流引水到滇中高原。工程年调水规模 34×10^8 m³。水利部已于 2004 年下达中央前期工作经费 600 万元，用于滇中调水工程规划的编制工作，该规划已完成并通过云南省政府组织的审查。工程总投资 629 亿元，受水区包括云南丽江、大理、楚雄、昆明、玉溪及红河 6 个州市的 30 个县区，面积 3.05 万 km²。

（五）陕西引汉济渭工程

引汉济渭工程从汉江干流黄金峡水库引水入渭河，初步考虑由黄金峡水库死水位 440 m 抽水至 643 m，取水点位于黄金峡库区的金水沟附近，经 16.23 km 隧洞引水至三河口水库进行联合调节，然后由三河口水库死水位（612 ～ 617 m）取水，以约 63 km 的越岭隧洞自流进入黑河金盆水库，正常蓄水位 594 m。

引汉济渭工程方案主要由黄金峡枢纽、三河口水库、黄金峡水源泵站、干支渠输水渠道、电站及抽水站的输变电等工程组成。

（六）吉林中部调水工程

吉林省中部城市引松供水工程供水范围为长春市、四平市、辽原市及所属的九台市、德惠市、农安县、公主岭市、梨树市、伊通县、东辽县、长春双阳区 11 个市、县、区的城区，以及供水线路附近可直接供水的 25 个镇。

工程现状基准年采用2003年、设计水平年为2020年，远景水平年为2030年。设计水平年多年平均引水量为$7.31\times10^8\ m^3$，远景水平年多年平均引水量$8.66\times10^8\ m^3$。丰满水库进水口设计引水流量38 m³/s。工程从丰满水库坝上取水，由输水总干线、输水干线和输水支线等组成。输水线路总长550.6 km，其中输水干线线路全长266.3 km，输水支线全长284.3 km。工程静态总投资123.68亿元，总投资132.12亿元，建设期贷款利息8.45亿元。

（七）辽宁大伙房输水工程

辽宁大伙房输水工程包括从辽宁东部山区水源地向抚顺大伙房水库调水的一期工程和从大伙房水库向受水城市输水的二期工程，主要向位于辽河中下游地区的抚顺、沈阳、本溪、辽阳、鞍山、营口等城市供水，受益人口达到1000万。

大伙房水库输水一期工程于2003年3月启动建设，二期工程于2006年9月正式开工。工程年总供水量为17.86亿立方米，工程总投资105亿元。

第三节　跨流域调水工程对生态环境的影响

一、跨流域调水对生态环境的有利影响

跨流域调水工程可改善缺水地区的生态状况和人类的自然生存环境，促进人与自然的和谐发展；提高抗旱和防洪能力，最大程度地减少灾害损失；改变缺水地区的经济结构，促进缺水地区的工业发展，从而增加工农业净产值。总之，调水工程对富水地区和缺水地区生态环境的有利影响是显而易见的。

（一）对调入水地区生态环境的有利影响

1. 生态效益

调水使受水地区增加了广阔的水域，导致大气圈与含水层之间的垂直水气交换加强，有利于水循环。输水渠道沿线所到之处都会发生地表水与地下水的相互作用和变化：在运河河床下切不深的地段将出现运河水量的渗漏损失和毗邻地区的浸润现象；而在切入较深的地段，将形成浸润漏斗面和出现运河排泄地下水的

现象，增大地面径流，增加调水量，改善和缓解缺水地区生态和环境的不良状况。

水源对因缺水而引发的地区性生态危机，将获得起死回生的生态效益、环境效益。这也是我国南水北调工程所要求的主要目的之一。俄罗斯北水南调工程缓解了里海水位从20世纪30年代以来的下降趋势，挽救了该地区的生态。

2. 环境效益

调水使营养盐带入调水水体，有利于饵料生物和鱼类的生产与繁殖、促进渔业的发展；调水量增加，使径污比增高、水质控制条件趋于稳定，改善水质；增加水域面积，在此基础上可建立风景区和旅游景点，改善和美化生态环境。

3. 减灾效益

受水区因调水而不再超采地下水，有利于地表水、地下水的合理调度，增加地下水入渗和回灌，控制和防止地面沉降对环境的危害。加利福尼亚某地区从1940年起每年超采水量 180×10^4 m³，开采深度305 ~ 754 m，地面下沉影响约9000 k㎡农田耕作。调水后有效地防止了地面沉降，并起到保水固土作用。

（二）对调出水地区生态环境的有利影响

因修建调出水地区工程，对该地区生态环境也将产生有利的影响。如南水北调中线的汉江丹江口枢纽工程，大坝将加高，防洪库容增大，防洪能力提高。在和三峡水库联合运行的有利条件下，通过合理调度，可避免像1935年的汉江特大洪水的灾害，那年湖北江汉平原有8万人葬身洪流。

（三）调水工程效益实例

白洋淀自20世纪50年代以来先后出现多次干淀，最为严重的是80年代连续5年淀内水彻底干涸，使淀区的生态平衡遭到严重破坏。为了缓解这种情况，从80年代以来多次实施了从上游水库向白洋淀补水。1981—2003年，王快、西大洋、安格庄三大水库累计补给白洋淀净水量 5102×10^8 m³。

2004年河北省被迫启动“引岳济淀”工程，从千里之外急调岳城水库之水济淀；2005年白洋淀再度干淀，保定市于2006年4月在安格庄、王快水库开闸放水，向白洋淀补水 5300×10^4 m³，使淀区水位达到7.25 m，暂时摆脱了干淀危机。但不足7个月，淀区水位再次下降0.75 m而干淀，数千万立方米的水在这里眨眼已经杳无踪迹。

为了缓解干淀困局，保护华北生态环境，2006 年水利部门决定实施跨流域“引黄济淀工程”。2006 年 11 月 24 日至 2007 年 3 月 5 日引取黄河水 7.121 × 108 m^3，向白洋淀实施生态输水，入淀水量约 1×10^8 m^3，暂时缓解了干淀危机。考虑为 2008 年北京奥运会储备必要的水源，再次实施了引黄补淀调水，总调出水量 4.3×10^8 m^3，到白洋淀 1.56×10^8 m^3，衡水湖 0.65×10^8 m^3，大浪淀 0.58×10^8 m^3。这些措施在一定程度上改善了白洋淀的水质，对维护白洋淀生态、遏制白洋淀生态退化起到了良好作用。

多次跨流域调水工程的实施，不仅解决了白洋淀缺水的燃眉之急，使其生态环境得到持续性保护，也产生了多方面的积极影响。

首先，在生态环境方面，2009 年引黄工程完成时，白洋淀核心区水质已经达到Ⅲ类标准，水质明显好转，地下水位下降趋势也得到明显遏制。补水后的白洋淀，水环境得到明显改善，为动植物的生长繁育创造了良机，原有生物种类、数量大幅增加，大部分濒临绝迹的珍稀动植物重现淀内，白洋淀的物种多样性和湿地生态系统完整性得到了很好修护。

其次，水资源配置方面，引岳济淀跨越漳河、子牙河、大清河三大河系，实现了首次跨水系补水。引黄济淀跨越黄河、海河两大流域，为跨流域水资源合理配置进行了有益实践，形成了黄河与海河南系各河之间水资源有效配置的渠道，并为南水北调中线通水后在海河流域平原区优化配置水资源创造了条件。

此外，调水工程的成功实施也产生了良好的社会影响：一方面公众对调水工程的高度认可促进了公众节水环保意识的提高；另一方面生存环境的改善保障了淀区 23 万群众的生产生活，推动了淀区及周边地区的可持续发展。

二、跨流域调水对生态环境的不利影响

跨流域调水工程的一大特点就是水资源的再分配。随着研究的深入，许多学者提出，大型跨流域调水工程无论是从生态环境的角度还是从社会经济的角度都具有一定的风险因素。综合已经收集的资料，跨流域调水工程对生态环境的不良影响大概有以下几个方面。

（一）对调入水地区生态环境的不利影响

1. 卫生防护

输水管线传播疾病是最大的不利影响。病毒病菌随水流运输传播，使伤寒、痢疾、霍乱等传染病得以蔓延。美国芝加哥密执安湖引水工程是近代最早和最有争议的调水工程之一。1948 年芝加哥受到流行性伤寒的侵袭，后经查明，原因是密执安湖的供水管道进口遭到了污染。美国还有一些调水工程实施后，传播着一种脸板蚊，曾使脑炎猖獗。在亚洲一些调水工程中，曾传播日本乙型脑炎蚊。在非洲一些调水工程中，曾给调入水地区传播了大量疟蚊。南非奥兰治河调水工程沿途取水都用于灌溉和生活，随着农业的发展，血吸虫的宿主钉螺和人口密度的相应增加，增加了血吸虫病的发病率。

2. 水体污染

明渠输水易受污水侵害，以致污染输入并传送而影响下游。汉江是长江最大的支流，地表水量为 590×10^8 m³，原本有我国“最干净的一条江”的美誉。但近年来，由于上游陕西旬阳境内沿岸的铅锌选矿厂等任意向汉江排放废污水，污染物严重超标，使得南水北调中线工程源头水质受到污染威胁。

3. 湖库区生态

调水沿线常有多处洼淀或湖库调蓄，使原来的自然环境中增添了庞大水域，这对于河流水文特征，库区水状态均有可能造成不利影响。

4. 输水沿线生态

调入区输水沿线（沿河或渠道）不可避免地产生水的渗漏，对两岸环境将产生不利影响。如巴基斯坦西水东调工程中有 3 条灌溉渠，总长 663 km，引水 1493 m³/s，系自流引水，其水位平均高出两岸 1 m，排灌系统规划不完善，每年渗漏竟达数十亿立方米，引起两岸各数百米宽的地带产生沼泽化。同时由于排水不足，导致土地渍涝、土壤盐碱化、肥力遭破坏和粮食减产，每年影响 24 000 hm² 耕地。随后采取了防渗衬砌、平整土地及管井排水等措施加以补救。

我国华北黄土地本来就缺水，但常因排水不畅，易引起土壤盐碱化，危害农作物种植和生长。南水北调工程引来源源不断的水后，应加强监测，避免发生同样的问题。

5. 水资源损耗量

调水会刺激受水区不断增加用水量，需要不断地增加调水，加之粗放化的灌溉方法和掠夺式农业经营，造成土地盐碱化，更为严重的是消耗水量骤然增大，导致河川径流入海量减少。

消耗水量的大小与当地气象条件、用水构成和用水方式有关，其中除气象条件外，其余两项均与人类活动有直接关系。据俄罗斯专家阿尔巴耶夫估计，由于水库蓄水、引水工程、受灌溉和非灌溉土地的农业耕作完善化等活动影响，全球每年增加的蒸发水量约 87 000 × 10^8 m^3，加上城市和工业蒸发消耗 1500 × 10^8 m^3，合计约 88 500 × 10^8 m^3，相当于每天增加蒸发水量 240 × 10^8 m^3，约等于地球表面蒸发量的 2%，陆地蒸发量的 12%。与 1970 年相比，蒸发损失水量增加了 3 ～ 4 倍。我国北方海河、黄河、淮河流域就是如此。据我国华北地区蒸发能力及其变化趋势分析显示，1956—1998 年华北地区降水量和蒸发量都呈同步递减趋势，20 世纪 90 年代分别比 1956—1998 年平均值低 9% ～ 12% 和 3% ～ 23%，同期海河和黄河入海量比 20 世纪 50 年代大幅度降低。虽然目前没有确切调查资料证明蒸发量增加的原因在于大规模、长距离、跨流域调水，但是取水量和用水量增加是确定不疑的，尤其是农业灌溉、水库蓄水和引水水量。我国海河、黄河断流就是一例，其流域灌区取水量均在 90%以上。

6. 土壤盐碱化

输水线和受水区会因大量渗漏补给地下水，渠道发生盐碱化，尤其是高位输水地段，情况更加严重。巴基斯坦西水东调工程就曾出现过此类问题，后经实施斯卡普计划，一方面采取水利措施降低地下水水位；另一方面结合农作物、土壤改良等措施防治土地渍涝和盐碱化，取得良好效果。

（二）对调出水地区生态环境的不利影响

1. 气候生态

如果调水水量设计不当，枯水年将影响调出水地区的环境用水。俄罗斯北水南调工程，以亚洲地区 8 条流入北冰洋河流的总水量 19 500 × 10^8 m^3 的 1%～3%，作为调出水量，不料因减少了流入喀拉海的淡水量和热水量，竟影响到了喀拉海的水温、积水量、含盐量、海面蒸发以及能量平衡。还导致极地冰盖扩展、增厚，春季解冻时间推迟，地球北部原本短暂的生长季节，也缩短了半个多月，西伯利亚森林死亡，风速加大、春雨减少、秋雨骤增，严重影响了农业生态环境。同时使北冰洋海域通航条件变差，渔产减少。

2. 河床稳定性

若利用原河道调水，势必增加流量和流速，引起河床不稳定。如巴基斯坦调水工程，由于在天然河道中设置了拦河坝，致使大量泥沙沉淀，河床升高并高出两岸地面 1 ～ 2 m，既影响了河道的自然排水能力，又阻断了地面排水出路。

3. 区域干旱化

大规模、长距离、跨流域调水，不仅会导致调水江河径流量减少，产生河口咸水倒灌，破坏河口生态。如苏联北水南调工程自涅瓦河调水，使拉多加湖无机盐、矿化度堆积物增多；美国加利福尼亚调水使萨拉门托河与圣华金河流入旧金山湾的淡水减少 40%，导致海湾水质恶化，引起海水入侵三角洲，而且还导致调水区干旱化，其中最典型的例子就是苏联的咸海。20 世纪 60 年代以后，苏联在咸海上游阿姆河和锡尔河流域发展了棉花灌溉面积 790×10^4 hm²，是当时世界上最大的灌溉系统；20 世纪 70 年代苏联曾对 5 条调水的河流进行了流量变化调查和预测分析，发现 5 条河流流量都有不同程度的减少，其中预测减少最多的是阿姆河和库拉河，80 年代和 90 年代分别减少了 59% 和 95%，44% 和 78%。20 世纪 80 年代咸海水量比 60 年代减少了 87%，咸海面积萎缩了近 50%，蓄水量减少 79%，湿地减少了 85%。喜水植物毁灭，33×10^4 hm²森林资源完全被破坏，沙漠吞没了 200×10^4 hm²耕地和周围 15% ~ 20%的牧场。

美国加利福尼亚调水工程，虽然使加利福尼亚成为美国重要的农产品生产和出口基地，但调水区的河川径流量骤减，使加利福尼亚 95% 的湿地消失，水生态系统遭到严重破坏，依存于湿地的候鸟和水鸟由 6000 万只减少到 300 万只，鲍鱼减少了 80%。

跨流域调水工程虽然是局部的，但却是水资源配置的战略性工程，其影响将是长期的。在发挥巨大的直接经济、社会、环境效益时，也可能存在着不利的因素，有的已被认识并采取对策。由于发展过程和大自然的复杂性，有的还要在工程实践中再认识。

参考文献

[1] 芮孝芳 . 水文学原理 [M]. 北京：中国水利水电出版社，2004.

[2] 沈冰，黄红虎 . 水文学原理 [M]. 北京：中国水利水电出版社，2008.

[3] 范世香，程银才，高雁，洪水设计与防治 [M]. 北京：化学工业出版社，2008.

[4] 陈元 . 我国水资源开发利用研究 [M]. 北京：研究出版社，2008.

[5] 李冬伟，尹光志 . 废水厌氧生物处理技术原理及应用 [M]. 重庆：重庆大学出版社，2006.

[6] 胡勇有，刘琦 . 水处理工程 [M]. 广州：华南理工大学出版社，2006.

[7] 杨岳平，徐新华，刘传富 . 废水处理工程及实例分析 [M]. 北京：化学工业出版社，2003.

[8] 郭潇，方国华 . 跨流域调水生态环境影响评价研究 [M]. 北京：中国水利水电出版社，2010.

[9] 汪明娜 . 跨流域调水对生态环境的影响及对策 [J]. 环境保护，2002（3）：32–35.

[10] 夏军 . 跨流域调水及其对陆地水循环及水资源安全影响 [J]. 应用基础与工程科学学报，2009（6）：831–842.

[11] 方妍 . 国外跨流域调水工程及其生态环境影响 [J]. 人民长江，2005，36（10）：9–10.

[12] 尹军，陈雷，白莉，等 . 城市污水再生及热能利用技术 [M]. 北京：化学工业出版社，2010.

[13] 云桂春，成徐州 . 人工地下水回灌 [M]. 北京：中国建筑工业出版社，

2004.

[14] 蒋能照，刘道平 . 水源 · 地源 · 水环热泵空调技术及应用 [M]. 北京：机械工业出版社，2007（6）：39–41.

[15] 董家华，王伟，高成康 . 高炉渣冲渣水余热回收应用于海水淡化工艺的研究 [J]. 中国冶金，2012（10）：51–54.

[16] 冯惠生，徐菲菲，刘叶凤 . 工业过程余热回收利用技术研究进展 [J]. 化学工业与工程，2012（1）：57–64.

[17] 钱模星 . 水资源开发利用及水环境保护问题研究 [J]. 化工设计通讯，2018（06）：232.

[18] 胡旻 . 加快水资源基层信息化建设的思考 [J]. 黑龙江水利科技，2018（05）：216–218.

[19] 敬娜 . 水资源开发利用与城市水源规划分析 [J]. 黑龙江水利科技，2018（10）：100–101.

[20] 冉宇进，张浩 . 关于地下水资源开发利用问题的思考 [J]. 资源信息与工程，2018（05）：62–63.